军事地质信息丛书

军事地质合成孔径雷达遥感调查技术

董玉森　吴春明　安志宏　王力哲　编著

科学出版社

北京

内 容 简 介

地质环境是战场环境的重要组成部分，基于合成孔径雷达（SAR）数据开展军事地质信息提取对完善战场环境具有重要意义。本书从电磁波传播机理、SAR 数据获取及处理、军事地质需求及组成要素、军事地质 SAR 遥感调查的内容和理论方法、军事地质活动性要素调查内容和理论方法等多个方面，结合相关实例阐述 SAR 在军事地质遥感调查中的相关理论和方法，为军事地质 SAR 遥感调查提供强有力的技术支持。

本书可作为基础地质、军事地质、空间信息与数字技术、遥感信息工程等专业本科生、研究生的教材和参考书，也可作为开展工程地质、军事地质、遥感信息工程研究的工程技术人员的参考书和指导书。

图书在版编目(CIP)数据

军事地质合成孔径雷达遥感调查技术/董玉森等编著. —北京：科学出版社，2019.9

（军事地质信息丛书）

ISBN 978-7-03-060112-4

I. ①军… II. ①董… III. ①合成孔径雷达–遥感技术–应用–军事 IV. ①E919

中国版本图书馆 CIP 数据核字（2018）第 288232 号

责任编辑：杨光华　李建峰/责任校对：刘　畅
责任印制：张　伟/封面设计：苏　波

科 学 出 版 社 出版
北京东黄城根北街 16 号
邮政编码：100717
http://www.sciencep.com
北京凌奇印刷有限责任公司 印刷
科学出版社发行　各地新华书店经销
*
开本：787×1092　1/16
2019 年 9 月第　一　版　　印张：10
2022 年 1 月第二次印刷　　字数：237 000

定价：88.00 元

（如有印装质量问题，我社负责调换）

“军事地质信息丛书”

编 委 会

主　编　王力哲　秦绪文

副主编　吴冲龙　胡祥云　牟　林

编　委（按姓氏拼音排序）

陈　刚　陈伟涛　董玉森　何珍文
姜　三　李显巨　刘　刚　王明威
吴春明　左博新

“军事地质信息丛书”序

进入 21 世纪，高新技术的迅猛发展和广泛应用，推动了武器装备的发展和作战方式的演变。战场环境信息的采集、存储、挖掘和分析能力，是打赢现代化战争的基本保障。近年来，随着全球军事大数据信息技术和应用的兴起，数据已经成为军事信息化的重要资源，以“数据”为核心的信息系统是赢得战争主动权的基础设施能力之一。随着世界各国的军队信息化建设的进行，信息保障工作逐渐贯穿了现代战争的全业务流程，“信息赋能”也日益成为军队信息化的重大标志之一。

自古以来，军事地质信息在战争中的重要地位已经得到国内外的高度认同。从第一次世界大战开始，地质学家就在地表水和地下水的管控与利用、军事作战计划制定等方面发挥着非常重要的作用。到第二次世界大战时，随着各种探测手段的提高，军事地质信息的作用更加受到重视。德国、美国和日本相继建立了自己的军事地质信息保障部队。海湾战争期间，军事地质信息在打赢现代化战争中的作用更加显著。美军借助可见光和红外卫星遥感感知平台，获取大量有关敌情的地质态势信息，利用信息基础设施加以传输、存储和处理。

与军事地理信息一样，军事地质信息是战场环境、战争态势存在和动态变化的重要场景。随着新型传感器和高分辨率遥感技术和地球物理探测技术的飞速发展，针对典型军事地质信息，从不同探测维度开展军事地质信息探测、管理与分析研究，对提升战场环境地质态势感知能力，推动现代战争信息化发展，具有非常重要的作用。目前，国内外尚没有一套专门研究军事地质信息的丛书。因此，为让国内从事军事科学研究和地球科学研究的本科生和研究生及相关工作者系统了解军事地质信息探测现状与能力，受科学出版社委托，我们组织了中国地质大学（武汉）从事军事地质信息领域研究的人员，在系统梳理军事地质信息需求的基础上，开展了军事地质信息探测与分析研究，并编著了“军事地质信息丛书”。

本套丛书涵盖了从可见光高空间分辨率遥感、雷达遥感、激光雷达遥感、无人机遥感到地球物理勘察技术等不同的探测手段及数据管理技术，内容全面、条理清晰、针对性强、实例丰富，是国内第一套系统总结军事地质信息的专业丛书。本套丛书可作为开展地质信息、遥感信息工程、军事地质等研究的工程技术人员的参考书和指导书，也可作为地质信息、空间信息与数字技术、军事地质、遥感信息工程等专业本科生、研究生的教材和参考书。

军事地质信息是一门年轻的学科，其发展是无止境的。我们期待广大读者对本套丛书进行批评与指正，协力为我国军事信息现代化发展贡献一份力量。

王力哲　秦绪文

2019 年 7 月 1 日于南望山麓

前　言

军事地质的思想可以追溯到战国时代。从冷兵器时代古人对军事地质要素的朴素认知和初步利用，到现代化战争条件下对军事地质要素的全方位利用，军事地质在人类战争中逐步占据了重要位置。随着战争空间的发展和深化，现代战争对区域军事地质环境提出了更高的要求，促使现代军事地质调查的内容不断扩展、不断深入。面对即将到来的决策智能化、战争快速化、战场模糊化的智能化战争，战场环境保障将对军事地质提出更高的需求。

自 20 世纪 60 年代起，合成孔径雷达（SAR）影像就在地质调查中发挥了重要作用，以其全天候的观测能力，且受到云、雨的影响较小，而受到众多遥感技术工作者和地质学家的关注。当前军事地质遥感调查主要使用光学遥感数据，对雷达遥感数据的应用较少。因此，在中国地质大学（武汉）军事地质遥感团队完成《军事地质遥感理论与方法》一书以后，为扩展军事地质遥感调查手段和数据源，提高遥感技术在军事地质调查中的应用范围，在前期工作的基础上，从现代战争对军事地质的需求出发，笔者撰写本书作为对传统光学遥感调查手段的补充。

本书紧密围绕现代战争对战场地质环境的需求，从供需关系的角度出发，介绍 SAR 在军事地质遥感调查中的应用潜力，是对当前军事地质遥感调查工作中在光学遥感数据之外的有益补充。本书在分析军事地质发展历史的基础上，总结现代战争中军事地质的作用，分析现代战争对军事地质的需求，进而总结军事地质遥感调查的要素内容；结合 SAR 影像特征，分析不同军事地质要素 SAR 调查解译的方法；同时针对目前所关注的活动性军事地质要素提出解译方法。这些内容可以为从事军事地质调查、军事地质教学和科研的工作者提供参考。

全书共 4 章。第 1 章主要讲述军事活动对军事地质的需求，进而说明军事地质要素组成，并分析军事地质遥感调查的历史和现状，以及 SAR 在军事地质调查中的应用情况；第 2 章介绍 SAR 的理论基础；第 3 章介绍军事地质要素 SAR 调查的理论和方法；第 4 章结合实例对具有活动性特征的军事地质要素，如活动断层、滑坡，以及核试验的 SAR 监测方法进行介绍。

本书由董玉森主笔和统稿。各章执笔人：第 1 章，王力哲、董玉森、安志宏；第 2 章，董玉森、吴春明；第 3 章，王力哲、董玉森、陈伟涛；第 4 章，董玉森、鲁大江。阿布都拉–阿布都卡地尔、崔静月、岳文丽、张帮政等协助完成本书的排版和校对工作。

由于军事地质工作刚刚起步，加之作者水平和知识范围有限，书中难免会出现疏漏之处，恳请专家和读者指正。

董玉森

2019 年 5 月

目　　录

第1章

绪　论

军事活动一直伴随着人类文明的历史进程。一方面它破坏社会经济的发展，甚至引起人类文明的停滞或倒退，另一方面它又促进了人类文明的发展与进步。在军事活动中，军事战场环境的建设至关重要。近期我军已经明确将地质环境列入包括地理环境、气象环境、电磁环境和核化环境在内的五大战场环境，表明军事地质已经正式成为军事要素中的重要一部分。因此，对军事地质的概念、需求和组成进行分析是战场地质环境建设的前提。在我国，现代军事地质学作为一个新生的学科，它既继承了早期军事工程学、军事水文学、军事地形学等诸多学科的精华，也面临着如何发展的问题。相对于外军，我军的军事地质工作起步晚、发展滞后，构建适应我军新时代强军特色的军事地质调查方法体系与战场地质环境保障体系已经成为当务之急。因此，有必要对军事地质的发展历程、与军事地质相关的概念和军事地质调查要素进行简要的分析总结。

1.1 军事地质及其要素组成

1.1.1 军事地质的概念及发展历程

1. 军事地质的相关概念

军事地质起源于前人在战争中对自然的朴素认知和利用。现代军事地质学是涉及地质学（毕思文，2003；刘本培 等，2000）、遥感地质学（薛重生 等，2011）、军事地质学（刘晓煌 等，2017a，2017b，2017c）、军事地理学（哀树文，2007；姜春良，1995）及现代军事地质遥感（王康 等，2017；于德浩 等，2017；李远华 等，2012）等学科的一部分。这里分别对其概念进行概述。

1）地质学

地质学（geology），是研究地球及其演变的一门自然科学，研究对象为地球的固体硬壳——地壳或岩石圈中的结构构造、地球的形成演变历史、地质过程和各种地质现象，以获得地球的物质组成、内部构造、外部特征、各圈层之间的相互作用和演变历史。

2）遥感地质学

遥感地质学（remote sensing geosciences），是从航空地质学（aerogeology）和摄影地质学（photogeology）发展起来的基于摄影图像和空间遥感图像进行区域地质和专题地质研究的交叉学科，其基本概念是运用空间遥感图像地学信息进行区域地质解译、地质调查填图和各种地质专题研究。它的研究对象与地质学的研究对象一样，都是地球上地质体的结构构造、地球的形成演变历史、地质过程和各种地质现象。与传统地质学不同的是遥感地质学主要是依据地质体的电磁波谱特征，运用遥感科学及空间信息技术，从遥感图像及其他空间数据中获取地球表面及地表一定深度下的地质信息，以达到宏观地、准确地、快速地研究地质体和地质现象的目的。

3）军事地质学

军事地质学（military geosciences），是地质科学与军事科学之间的交叉学科。其研究对象主要是地球表层和地壳浅部系统各地质要素属性及其之间的相互作用及对国防工程、军事活动、战场环境和后勤保障系统的影响。军事地质学是以地球系统科学和军事科学理论为基础，以军事和国防需求为导向，以军事活动保障、战场环境建设、军事工程构筑和战略资源需求等过程中的地质科学与工程问题为研究核心（蔡钟业 等，1986；王杭生 等，1985），探讨认识军事地质要素的类型、属性、分布、变化对军事活动、战场环境和国防工程建设等的影响和制约机理，试验探索天空地多种探测技术和信息科学技术在军事地质要素数据采集、空间分析和综合评估等方面的应用，查明战略矿产资源形成分布规律，为国防建设和军事决策提供科学依据与技术支持。

结合当前信息化战争和未来智能化战争的特点，现代军事地质学（modern military geosciences）以地球系统科学和军事科学理论为基础，以军事活动和国防需求为导向，采用地质学、态势感知、大数据、人工智能、模拟仿真及可视化等工作方法（安跃文，2005），为建设信息化、智能化战场环境提供技术和数据的一门高度交差的学科。研究三维空间下地球表层及表层之下地质要素属性及其之间的相互作用及对国防工程、军事活动、战场环境和后勤保障系统的影响。

4）军事地理学

军事地理学（military geography），是以自然地理、人文地理为基础，全面、综合地对区域地理形势、自然条件、经济因素、社会状况、交通运输、城镇要地等所构成的军事地理要素及其变化规律进行研究，并分析其与战争的关系和对国防建设、军事活动的影响，为制定战略方针、规划武装力量建设、战场准备、指导作战行动等提供依据的一门学科。

5）现代军事地质遥感

现代军事地质遥感（modern military remote sensing geology），是现代军事地质学与遥感地质学的交叉性学科，它利用可见光遥感、红外遥感、雷达遥感，以及其他非接触式的地球物理探测手段，通过人机交互方式，借助于高性能计算技术、模拟仿真及可视化技术、大数据管理与分析技术、人工智能技术等，开展与军事地质相关的地表及地下一定深度地质信息提取、分析和成果展示研究，为战场环境建设提供科学、直观的军事地质数据。

2. 军事地质的发展历程

在军事活动中，充分利用各种资源，强化己方力量优势以实现战争目标是众多军事家所关注的内容。在冷兵器战争时代、热兵器战争时代、机械化战争时代、当前的信息化战争时代及未来的智能化战争时代，根据科技水平的进步与发展，作战方式也随之变化，军事地质的发展也依托不同作战方式的进步而不断进步（张栋 等，2019）。

1）冷兵器战争时代

在冷兵器战争时代，主要依靠人的体能效应，借助于具有杀伤作用的兵器通过相应的作战方法进行战争，冷兵器有戈、矛、剑、刀和弓、箭、弩等。我国古代很早就将朦胧的地质学知识特别是地形地貌、工程地质等应用于军事。我国古代兵法巨著《孙子兵法》对军事活动影响要素进行了分析，认为军事活动成功的要素在于“道、天、地、将、法”，而“地者，高下、远近、险易、广狭、生死也”，反映了军事活动对地形地貌、地质条件的需求，并因地制宜用于战场选址、作战方案确定及筑城构工等各个方面，体现了冷兵器时代军事活动对地质条件的需求和应用。

2）热兵器战争时代

18～19 世纪的热兵器战争时代，是利用火炸药发生燃烧、爆炸或发射弹丸进行杀伤和破坏的兵器及相应作战方法进行战争，其主要依靠火炸药燃烧、爆炸产生的化学能或转化为物理能展开低姿态隔离射杀（邢怀学 等，2015；林聪榕，2014）。1798 年，拿破仑在远征埃及的军队中增加了地质学家，对敌占区矿产资源进行勘察，并协助军事勘测人员进行路线勘测和地形测绘（Rose，2005）。1815 年，法国对欧洲各地间断发起战争，当法国战时对欧洲的统治导致英国无法进口适合研磨火药的石灰岩时，军事拨款投资开展了地质勘测，目的是在英国范围内找出可替代石灰岩的资源（Rose，1996）。因此，热兵器战争时期及战时构工军事地质应用是在冷兵器战争的基础上，增加了战时资源勘察采矿作业。

3）机械化战争时代

机械化战争，主要使用机械化武器装备及相应作战方法进行战争。机械化战争具有机动速度快、火力毁伤强、战场范围广、战争消耗大等特点。进入 20 世纪，先后爆发的两次世界大战是机械化战争的代表。机械化战争出现了大量新式武器装备，并且蒸汽动力代替了传统人力，使军队机动能力得到提升，战场空间也从静态逐步发展为动态，战场环境也由平面逐渐延伸到立体。第一次世界大战期间，大约 300 名军事地质学家在盟军服役，其工作重点是供水水源勘察、战壕与暗挖隧道及地下掩体开挖和建筑材料供应等；第二次世界大战期间，军事地质问题更关注机动性相对较强的攻防作战，除继续研究供水水源、建筑材料供应和矿产资源评价等问题外，还新增临时机场快速建设选址和越野机动路线预测等内容。日本在第二次世界大战期间由于本土资源匮乏，为支撑其战争机器运转，曾利用地质学家对侵占国进行过石油、煤、铁等大宗矿产资源的勘探。此后在核战争阴影的笼罩下，军事地质开始延伸到地下立体环境，为大量地下工事的构筑、抗打击评价等提供支持。在机械化战争时代，军事地质得到了很大的发展，如自第一次世界大战以来出现了岩土工程图等专业军事地质图类的军事创新，向军事指挥官阐明地质对战争行动的潜在战略价值，将可靠的地质数据转换成非地质专业人士快速掌握的信息，利用相对全面的数据库形成军事地质专题信息等。

4）信息化战争时代

信息化战争是指依托网络化信息系统，使用信息化武器装备及相应作战方法，在陆（地表、地下）、海、空、天和网络电磁等空间进行的以体系对抗为主要形式的战争（伍仁和，2005；张召忠，2004）。信息化战争强调联合作战和体系对抗能力，战场环境向“三深”（深地、深海、深空）拓展，“三快”（机动快、转换快、打击快）转变，现代战争具有“五高”（高科技、高消耗、高危害、高精准、高感知）的特点（刘晓煌 等，2017a，2017b，2017c）。在信息化战争阶段，军事地质除不断应用于军事战略、战役和战术规划外，军事地质学也涵盖了地形学、地质学、地球物理学、工程地质学和岩土力学、土壤学和水文学、多光谱遥感、地理信息系统和计算机建模模拟等多元学科，利用数字地球技术对数据或分析结果进行演示（刘世刚，2008），用于直接支持军事作战行动并扩展到支撑非战争军事行动和军事用地管理等内容。

5）智能化战争时代

未来的智能化战争时代，将是一个利用人工智能和数据进行战争的时代。如果机械化战争体现在对人的体力的极大扩展，信息化战争体现在对人的信息能力的极大扩展，而智能化战争则体现在对人的指挥控制能力的极大扩展。综合利用人工智能技术，深入、实时分析包括军事地质信息在内的战场环境信息，是智能化战争的核心。

1.1.2　军事活动对军事地质的需求

从冷兵器战争时代到信息化战争时代，再到未来的智能化战争时代，制胜打赢是战争亘古不变的主题。从古人对军事地质环境朴素的认识、利用到当前对军事地质环境的综合认知、利用，军事需求推动着军事地质的发展壮大，表现为从简单的地形地貌、水源等的调查利用到当前地形地貌、岩土体特征、水体特征、地质灾害等的综合调查利用，在需求维度上从地表二维地质特征扩展到包括地下在内的地壳浅表层空间的三维地质特征、甚至达到包括时间维度在内的四维地质特征。本小节将首先从美国近现代军事地质调查内容出发，分析军事地质需求的发展历史，然后介绍军事地质的需求。

1. 热兵器战争时代

美军在第一次世界大战时期，军事地质主要用于地面作战中的各类需求，为采矿作业、战壕及其他堡垒建设维护、公路铁路建设、供水水源勘探等提供岩土工程地质信息和咨询。因此这一阶段，其军事需求主要体现在地表战场环境的调查及工程建设上。

2. 机械化战争时代

在第二次世界大战时期，USGS（United States Geological Survey，美国地质调查局）成立 MGU（Military Geology Unit，军事地质小组），利用地质资料，帮助解决战争中遇到的各种地质问题（唐金荣　等，2016）并为盟军编写战略性军事行动研究报告，为包括诺曼底登陆在内的军事活动提供重要的支持。在诺曼底登陆前夕，盟军派遣地质学家对登陆区进行考察，并派潜艇和人员对海岸带特征进行调查。结合航片资料，分析目标区的岩土体工程特征及海岸带特征，为盟军登陆行动提供了重要资料。而在太平洋地区，MGU 则通过航片分析岛屿的工程地质特征、地形地貌特征，为军事行动提供战略战术规划的地质情报和资讯。在整个第二次世界大战期间，MGU 共完成大型地形图册 140 部、大型报告 42 份、地图总计 5 000 余幅，包含了军事地理评价、河流、潜在的公路和机场、码头选址、军事设施建设维护的建筑用材料分布、供水水源等大量的地质相关信息。在这一阶段，军事需求体现在岩土体特征、道路可通行性、军事工程地质、军事水文地质等方面。

3. 后机械化战争时代

第二次世界大战以后，美国 MGU 作为 USGS 的一个分部，后转变为 MGB（Military Geology Bureau，军事地质局），1972 年部分部门合并到 DOD（United States Department of Defense，美国国防部）（唐金荣　等，2016），1993 年更名为 SGSG（Special Geologic Studies Group，特殊地质研究小组）。受核战威胁，美军的军事地质工作除全球地形编绘外，逐步转向地下工事建设和抗打击评价方面，后期开始转向基础性研究，例如对武器装备的越野机动性、军事污染土地及地下水的治理、地雷探测等方面。这一阶段军事需求主要体现在岩土体特征调查、军事工程地质调查与评价，以及越野机动能力评估、浅地表下金属探测等方面。

4. 信息化战争时代

自“911”恐怖事件开始，美国通过反恐战争和海湾战争对信息化战争进行了检验，并在2014年出版的 *Military Geosciences in the Twenty-First Century*（Harmon et al.，2014），总结了信息化战争时代军事地质的应用特点，分析了军事地质环境对武器装备、人员和战术行动的影响，提出利用军事地质环境概念分析作战场地的地质条件，并对军事用地的土壤、水资源、生态环境等的战前、战后环境治理问题进行研究。在这一阶段，美军开始重视战场地质环境建设，强调军事地质环境对军事作战的影响。

5. 美国军事地质调查的现状与发展趋势

美军历来非常重视军事地质工作，组建了专门的军事地质调查机构。DOD将USGS视为重要的合作伙伴，实现了跨部门的紧密合作，USGS向DOD提供各种专业知识和调查服务（如2014年，USGS向DOD提供了大量的阿富汗地区地质调查成果），以满足美军在境外的军事活动需求。

由于近几年美国在全球推行霸权主义/反恐作战，受到国际国内的强大阻力，同时为应对未来可能发生的中美冲突，美军将其战略中心转移到印太地区。为了强化当前信息战争优势，并占领下一代战争的制高点等需求，美军制定了一系列的发展规划和实施方案，并在前期投入大量的人力、物力、财力去推动军事地质的调查和应用。当前和未来一段时间内美军在军事地质领域的工作主要体现在以下三个方面。

1）在操作层面上，继续加强军事地质调查工作

军事地质调查工作一直是美军的工作重点。由美军和USGS共同推动全球范围内传统的军事地质调查工作。这一工作类似于传统地质调查，通过遥感解译和地面调查相结合的手段，以科学研究或民用项目的方式，在全球热点和潜在热点地区继续进行军事地质调查。从20世纪60年代1:100万热点区地质图到当前1:10万的地质调查成果，部分热点地区还获得了1:1万甚至更高精度的调查成果，可以为美军军事行动提供便利。近年来，具有矿产资源调查能力的跨国公司与DOD之间的合作越来越密切。USGS作为链接二者的枢纽，不但承担了地质调查从民到军的成果转换的任务，也成为DOD在全球军事地质调查任务的公开指挥者。

根据美国特朗普上台后发布的《国家安全战略报告》和《国防战略报告》两份十分重要的战略文件，美方直接把中国作为主要的战略对手，文件中指出美国面临的主要威胁从反恐战争拉回到大国之间的传统战争，并将印太地区、欧洲、中东视为美国可能发生战争的重要场所。而在2019财年预算中，美国更是反复强调美国自身的矿产资源保障安全。由此可以预见，美国军事地质调查工作将呈现以下三个方面的特点。

（1）军民共进。

以跨国企业、科学研究为掩护的军事地质调查工作将持续进行。未来一段时间内，打着矿产资源勘察开发以及科学考察名义从事军事地质调查工作的跨国公司和工作人员将会频繁出现在包括中国在内的重点区域。

（2）资源优先。

在军事地质调查中，更加注重矿产资源的调查。围绕已经发现的矿产资源将开展更加深入的调查工作，以评估资源空间分布特征和开发潜力。为此，USGS 将在美军的支持下，对包括南北极在内的全球矿产资源进行重新评估，在重点海上和陆路战略通道周边进行调查，采用多种手段以保障其资源需求。

（3）重心转移。

未来美军的作战核心将从反恐作战向传统作战转移。美军需要大量的军事地质资料以评估其对可能发生的军事活动的影响。因此，军事地质调查工作将从中亚、中东向印太、东欧转移，从现在的全球区域向重点区域收缩，重心将更加明确。

2）在技术层面上，注重军事地质调查中的学科交叉、装备交叉

由于现代战场由传统的单一陆域向海、陆、空、地、天多维空间扩展，这也促使军事地质工作从陆域地面调查扩展到地下地球物理探测和海上综合调查，从航摄飞机、测绘无人机扩展到航天卫星遥感，形成多功能融合、空天地一体的探测体系。

针对这一变化，为了继续保持领先地位，美军近年来在传统军事地质调查的基础上对军事地质调查手段和调查内容进行了扩展。USGS 协调了由地质学（含工程地质、水文地质等）、测绘学、地球物理学、土壤学、植被学、统计学和计算机科学等大量的专家组成科研团队，并开展军事地质调查工作，实现天、空、地、海的综合调查，调查内容将更详细、更深入。

与此同时，USGS 与 DOD 积极互动，探讨军事装备在军事地质调查中的应用潜力。2010 年前后 USGS 和美国海军航空部队合作，利用 NP-3D“猎户座”反潜飞机在阿富汗进行飞行测试，以探测地下空间地物特征。根据公开资料，“NP-3D 先进的传感器能够形成地下岩石、水、石油和天然气的三维图像”，这不但对矿产资源的开发具有重要意义，也对阿富汗地区的反恐作战有着指导性意义。

USGS 和 DOD 更加注重新技术的应用。根据 2012 年美国政府发布的《大数据倡议》，DOD 及 DARPA（Defense Advanced Research Projects Agency，国防高级研究计划局）发布大数据项目清单，正式把大数据研发提升为国家战略，重点发展前沿核心技术，以满足搜集、存储、防护、管理、分析和共享海量数据的要求。近期谷歌与 DOD 在人工智能领域的合作项目事件也反映出美军在高科技领域的持续投入。

USGS 在 2019 财年预算的支持下，可能会加强与军方合作，引入军方的装备和技术，更加注重包括人工智能在内的多学科交叉，从天、空、地、海等多个方面开展更加详细的军事地质调查与评估工作。

3）开辟新的作战领域——加强地下作战空间的调查

2016 年 9 月，美国海军陆战队发布《21 世纪远征部队如何进行作战》，针对 2025 年以后的战争，要求海军陆战队提高在城市地形条件下的作战能力，必须进行适应性训练，应对全方位、全范围的区域划分的战斗，包括下水道和隧道。从 2017 年底开始，美国投

入大约 5.72 亿美元训练和装备 26 个现役作战旅，以便在全世界人口密集的超大城市地区进行大规模的地下空间作战准备。美国陆军中将阿什利（Ashley）指出美国军方正在讨论将地下作战提升到官方作战领域，与空中、陆地、海上、太空和网络战处于同一地位。

单独依靠 USGS 无法推动地下战场调查。为此，DARPA 近年来在该领域投入多个前瞻性研究项目，以推动地下空间的军事地质调查工作。如 2018 年刚刚启动的地下空间探测综合研究项目，提出了地下空间探测与作战保障的主要目标，为地下战场作战提供必要的条件；该项目于 2019 年 4 月在科罗拉多州某地矿区的地下通道中进行“SubT 集成演练”，为同年晚些时候进行的“地下挑战赛”进行准备。这表明美军在地下战场方面已经从技术研究向实际作战演练的方向发展。在 DOD 2019 财年预算中，DARPA 将获得更多的资助以保持美军当前、未来的技术优势和主导地位。可以预计未来一段时间内，地下作战空间的调查、作战方式研究将进一步加强。

1.1.3 军事地质调查的需求

由于军事地质调查的最终目的是面向军事应用，详细分析军事需求是当前军事地质调查的基础。根据前面分析的美军在军事地质领域的工作需求和近期的发展趋势，结合国内当前在军事地质领域的研究成果，当前军事地质调查的需求主要体现在工程建设、野战给水、野战机动、陆域打击和反陆域打击、战争环境下工程抢修 5 个方面。

1. 工程建设

工程建设方面包括了大型地下工程和地表及浅地表工程建设两个方面。由于所在的位置不同，对军事地质条件需求也不相同。

1）工程建设分类需求

在大型地下工程建设方面，主要考虑对工程建筑有影响的各种地质因素（孙博 等，2005），主要包括岩土的类型及其工程性质、地质构造、地形地貌、水文地质条件、地表地质作用和天然建筑材料等。一般情况下的永备工事主要建设在地下较深的位置，要求所在的岩体具有较好的抗打击能力。

地表工事主要是散兵坑等需要临时人工快速开挖，显然对地表的土体特征有明确的要求。在战争条件下，快速开挖单兵掩体需要地表的土体具备较好的可开挖性，且土体具有一定的厚度特征。

浅地表工事则是具有一定开挖深度的工事，包括反坦克壕、交通壕、野外指挥所及技术兵器掩体等。在战役、战斗的准备和实施过程中，利用、改造地形，使用就便材料或预制构件，迅速构筑供短期使用的筑城工事。包括各种掩体、掩蔽部、装配式工事、短洞、崖孔，掩壕、堑壕和交通壕等。按工事抗力等级分为简易型工事、轻型工事、重型工事和超重型工事。野战工事，其支撑结构多用就便材料和预制构件，通常工事抗力较低，设备较简单。早期以人工开挖为主，近期则引入战壕挖掘机等机械装备进行开挖。显然在开挖过程中需要了解地形地貌、土体特征、岩体特征。当岩体坚硬程度较高时，对机械开挖具有一定的影响。

2）工程建设总体需求

尽管不同工程建设的需求有所不同，但工程建设方面的总体需求可以总结如下。

（1）岩、土体的类型及其工程性质。

岩、土体的类型及其工程性质是军事地质最基本的调查内容，包括岩体的成因、时代、岩性、产状、成岩作用特点、变质程度、风化特征、软弱夹层和接触带及物理力学性质等；土体主要包括土体类型、土体性质、土体厚度、土体承压能力等。

（2）地质构造。

地质构造包括褶皱、断层、节理构造的分布和特征。地质构造，特别是形成时代新、规模大的优势断裂，对地震等灾害具有控制作用，因而对建筑物的安全稳定、沉降变形等具有重要意义。地下工程一般需要远离活动性断层影响范围，且要求具有较好的地壳稳定性。

（3）水文地质条件。

地下水的存在降低了岩、土体稳定性，又在某些情况下对建筑物的某些部位（如基础）发生侵蚀作用，影响建筑物的安全。因此，需要调查地下水的成因、埋藏、分布、动态和水质等。

（4）地质灾害。

地质灾害是现代地表地质作用的反映，与地形、气候、岩性、构造、地下水和地表水作用密切相关，主要包括滑坡、崩塌、岩溶、泥石流、风沙移动等，对评价工程建筑的稳定性和预测工程地质条件的变化意义重大。

（5）地形地貌。

地形是指地表高低起伏状况、山坡陡缓程度与沟谷宽窄及形态特征等，地貌则说明地形形成的原因、过程和时代。平原区、丘陵区和山岳地区的地形起伏、土层厚薄和基岩出露情况、地下水埋藏特征和地表地质作用现象都具有不同的特征，这些因素都直接影响建筑场地和线路的选择。

（6）天然建筑材料。

工程中常用的天然建筑材料主要有：黏性土料、砂性土、砂卵砾石料、碎石、块石石料等，在大型土木及水利工程中，天然建筑材料的量、质及开采运输条件等，直接关系场址选择、工程造价、工期长短等，因此，它也是工程地质条件评价的重要内容，有时甚至可以成为选择工程建筑物类型的决定性因素。

2. 野战给水

野战给水是战场地质环境的另外一个重要指标。根据水的来源，可以分为地表水和地下水。

1）地表水

地表水是军事活动中的一个重要水源。因此，需要详细了解河流、湖泊、池塘、沟渠、机井、泉等的空间分布、水质、水量信息，分析其综合供水能力。同时，地表水的存在也影响着战场人员装备的机动能力。

2）地下水

地表水通常受到水质和水量的影响，尤其在使用核、生物、化学武器的战场条件下，地表水受到严重污染，此时地下水特征的勘查、开采、净化就非常重要。利用水文地质学的手段，对区域地下水的类型、特征、运动状态、水质、储量进行评估，提出合适的开采手段，是地质战场环境的重要一环。

3. 野战机动

野战机动是战时在道路、桥梁等出现损坏的情况下，通过维修原有的道路和桥梁，或者开辟新的道路、架设桥梁，使人员、装备能够按计划到达预设集结点。这里只关注装备的越野机动能力。越野机动受到地形地貌、岩土体、水体、植被、道路交通和居民地的共同影响。在传统的地形分析中，主要根据土壤的成分和干燥程度将土壤的通行能力描述为可通行、不易通行和难通行等情况，没有考虑不同装备的特殊性。因此，战场环境建设中，必须根据装备自身特征，分别对地形地貌、岩土体特征、地表水特征、地质灾害分布特征及装备涉水性能、已有的道路交通（包括道路类型、道路曲率、桥梁特征）等进行综合分析，以获得装备越野机动能力和装备可通行性综合评价结果。

4. 陆域打击和反陆域打击

陆域打击主要针对敌方浅地表及地下工事进行打击。工事大多数都具有多层、深埋、遮弹、偏航等防护性能，多以土层、块石防护层、岩体、混凝土等为防护材料，具有一定的伪装和抗打击能力。在利用钻地弹对这些工事进行打击时，必须考虑工事上部覆盖物和防护层的物理性质和空间特征。同样进行工程建设时，也要考虑对当前和今后一段时间的武器装备抗打击能力。军事地质可以提供从地表到地下自然物质特征：表层土体特征、岩体特征（含岩体风化层特征），通过打击效果分析和毁伤评估，为陆域打击和反陆域打击提供必要的资料支撑。

5. 战争环境下工程抢修

战争环境下军事设施面临着全方位的攻击，必然存在着一定的损伤情况。此时战时工程抢修需要诸如天然建筑材料。依托地形地貌条件，结合岩土体的空间分布特征，建立必要的天然建筑材料开采场和运输通道，保障工程设施、交通设施的抢修需要。因此，需要军事地质提供诸如砂土、碎石、可开采岩体（如灰岩等）的空间分布特征，结合地形地貌、交通信息，提供合适的开采场地及运输通道。

6. 小结

综上所述，军事地质要素的调查成果可以为工程建设、野战给水、野战机动、陆域打击和反陆域打击、战争环境下工程抢修（表 1.1）等提供全方位、多角度的地质条件保障，为现代军事的全球化战场、精准化打击提供地质理论与技术支撑。军事活动对环境影响和治理（李玲 等，2004；石萍 等，2003）不在本书的讨论范围内。

表 1.1 军事活动对军事地质的需求

军事活动	二级类型	军事地质需求	军事地质详细需求	说明
工程建设	地表	土体特征	土体类型、土体厚度	人工开挖的单兵掩体等
	浅地表	土体特征	土体类型、土体厚度	
		岩体特征	岩体类型、岩体强度、岩体风化程度及风化层厚度、岩体破碎程度等	
		地形地貌	坡度等	
	地下	岩体特征	岩体类型、岩体强度、岩体破碎程度	
		构造特征	构造类型、影响范围	
	共同需求	水体特征	地下水类型、空间分布及变化特征	
		地形地貌	工程出口、物料堆积等	
		道路交通	道路类型、宽度等；桥梁类型等	
		地质灾害	地质灾害类型、分布、诱发因素；历史地震烈度、分布	
		天然建筑材料	砂土、碎石、可开采岩体	
野战给水		地表水特征	地表水类型、位置、储量、变化特征、水质等	
		地下水特征	地下水类型、储量、埋深、水质、流动特征、建议开采方式	
野战机动		地形地貌	坡度特征	坡度越大，通行越困难
		土体特征	土体类型、厚度、承载力	影响人员、装备通行
		岩体特征	岩体类型、风化程度、破碎程度	风化物影响轮式装备通行
		水体特征	人员装备用水补给;江河湖泊特征:深度、宽度、季节性变化、岸线基质、水底基质等（建立涉渡场的可行性评价）	
		道路交通	道路类型、宽度、最大曲率半径等	
		地质灾害	地质灾害（滑坡、泥石流、崩塌、火山、地震等）的类型、规模、分布特征、诱发因素、影响对象、影响程度等	

续表

军事活动	二级类型	军事地质需求	军事地质详细需求	说明
陆域打击和反陆域打击		土体	土体类型、土体厚度、土体承载力	
		岩体	岩体类型、风化程度、风化层厚度、岩体破碎程度、硬度等级	
		地形地貌	坡度、坡向	
		人工防护特征	防护物类型（金属材料、混凝土）、防护物厚度等	主要防护坚硬目标，如碉堡、地下指挥所、防空洞等
战场环境下工程抢修		岩体、土体	岩土体类型、空间分布特征	提供砂石等建筑材料
		地形地貌	坡度、坡向等	用于开采场选择
		道路交通	道路类型、宽度、最大曲率半径等	用于砂石运输
		其他——植被类型		可提供木材等

1.1.4 军事地质要素的组成及调查分类

地质要素直接影响军事通行能力和军事武器打击效果，也是安全构筑地下空间和地下设施重要的直接影响因素。断裂构造格局直接影响军事地质环境、军事战略资源等。岩土体类型及坚硬程度是构筑地下空间的地质基础，而岩性、风化程度等决定了岩体的坚硬程度。

1. 军事地质要素的组成

根据1.1.2小节中军事地质的需求情况，结合现代地质调查的方法手段和合成孔径雷达遥感可调查内容，军事地质要素的组成包括：岩体、土体、水体、构造、地质灾害、地形地貌等。

1）岩体

岩体包括岩石的类型、岩性、产状、风化程度、坚硬程度以及风化层的物质组成和厚度等。岩石的风化程度、坚硬程度及风化层的物质组成和厚度是军事工程岩体的重点研究对象。花岗岩体、流纹质火山岩体、石英砂岩等坚硬、块状、厚层、中厚层状岩石，其抗风化能力较强，具有较好的抗打击能力，具有天然工程地基特性；页岩、黏土岩、碳质岩、泥质砂岩等软弱岩组，其抗风化能力较弱。

2）土体

土体包括土的类型、厚度、承载力、可开挖性等。土体的类型和厚度是军事地表、浅地表军事构工中关注的重点，而土体的承载力影响着人员和装备的可通行性（高大钊 等，2001）。

3）水体

水体是军事地质的重要因素，包括地表水和地下水。地表水主要是江河湖泊及水库的面积、水量、水质、周期变化特征以及冰川的特征；地下水包括地下水的类型、储量、分布、动态特征。

4）构造

地质构造是军事地质遥感的重要研究对象，包括褶皱、断层、节理构选的规模、尺度、活动性、与地震等灾害的控制作用及空间关联性，对军事工程安全性、工程构造物的稳定性及地面形变的关联性等。

5）地质灾害

现代地质作用过程，包括滑坡、崩塌、泥石流、风沙、地震、火山等的特征，对评价军事工程地质条件和评价越野机动能力具有重要意义。

6）地形地貌

是指地表高低起伏状况、山坡陡缓程度与沟谷宽窄及形态特征、植被覆盖情况等。平原区、丘陵区和山岳地区的地形起伏特征等。这些因素影响到军事工程选址和通道的选择。

7）其他要素

其他要素包括矿产资源、地球物理场、海洋地质等各种要素。这些内容与传统地质有一定的关联，在本书中暂不作为调查内容。

通过军事地质调查，可以查明区域地质体的岩石特征（硬度、风化程度等）、构造特征（断层、褶皱、节理等）以及地质灾害（滑坡、泥石流等）、水文地质（河流分布、地下水分布等）、地形地貌等各类军事地质要素的特征。进而确定战场选址和战略通道，为规划军事活动、进行军事工程建设提供科学依据。

2. 军事地质要素的调查分类

近年来，我国一些行业标准逐步出现军民融合的趋势，且一些新的军事行业标准必须遵循已有的民用标准。在这种情况下，在已有的军事地质调查标准规范的基础上，对军事地质要素的调查进行了分类。

1）岩体调查要素

（1）岩体的定义。

岩体是地质体的一部分，是处于一定的地质环境中的具有相同的岩性和结构特征的岩石所组成的集合体（常士骠 等，2006），具有基本相同的岩石硬度等级、岩石抗压等级、岩石风化程度等工程属性（《工程地质手册》编委会，2018）。

岩体对军事活动具有较大的影响。不同类型的岩体由于其工程性质的差异，其抗压强度、抗打击能力及风化特征均有显著的差异。根据当前需求，军事地质中岩体调查要素主要为岩体的类型、岩体坚硬程度、岩体风化程度、节理发育程度、破碎程度等。

这里需要注意军事地质中的岩体所关注的更多的是岩体自身特征，而不是其时代特征。同样的花岗岩，当其军事地质属性相同时，可以将它们归结到同一个岩体类型中，而不需要考虑其不同的产出时代。

（2）岩体调查要素及其属性。

①岩体类型。

结合军事地质对岩体调查内容的需求和现代军事工程地质中对岩体的分类标准，在传统地质调查成果的基础上，将岩体按照成因分为 4 大类：沉积岩、变质岩、侵入岩和喷出岩。在此基础上，将沉积岩分为：碳酸盐岩类、砂岩类、泥岩类；将变质岩分为：片岩、板岩、千枚岩、片麻岩、大理岩、石英岩等；将侵入岩分为：花岗岩类、辉绿岩类、辉长岩类；将喷出岩分为流纹岩、安山岩、玄武岩及火山碎屑岩。在具体描述时，需要对描述岩体的岩性，尤其是互层、夹层描述应详尽。

②岩体硬度。

岩体的硬度主要根据其单轴抗压强度进行区分。岩体的抗压强度代表岩石能够承受的外力作用程度（张永兴，2008），在无围压岩样在纵向压力作用下出现压缩破坏时，单位面积上所承受的载荷称为岩体的单轴抗压强度。岩体硬度分类见表 1.2。

表 1.2　岩体硬度分类参考表

一级类型	硬度等级	二级类型	硬度等级	代表性岩石	UCS /MPa
坚硬岩	I	坚硬岩 A	I_1	未风化的：辉长岩，玄武岩，安山岩 1，凝灰质砂岩，火山基性熔岩，玄武岩、气孔状玄武岩，辉绿岩，石英砂岩	≥150
		坚硬岩 B	I_2	1.微风化的 I_1 级岩石； 2.未风化的：闪长岩，中细粒花岗岩，花岗闪长岩，正长岩，安山岩 2，石英砂岩，石英岩，混合花岗岩，安山岩、流纹岩，长石石英岩，石英岩，粗面岩，二长花岗岩，二长花岗岩、黑云母花岗岩，黑云母花岗岩，黑云母斜长花岗岩，花岗闪长岩、闪长岩（互），花岗闪长岩、细粒花岗岩（互），花岗岩，花岗岩、花岗闪长岩（互），辉石闪长岩，混合斜长花岗岩，钾长花岗岩，碱长花岗岩，石英二长闪长岩，石英岩（互），石英岩（夹），似斑状二长花岗岩，细粒二长花岗岩，细粒花岗闪长岩，细粒花岗岩，细粒钾长花岗岩，细粒闪长岩，细粒石英闪长岩，细粒似斑状二长花岗岩，斜长花岗岩，正长花岗岩，中细粒花岗闪长岩，流纹岩，斜长角闪岩	115～150
		坚硬岩 C	I_3	1.微风化的 I_2 级岩石； 2.弱风化的 I_1 级岩石； 3.未风化的：粗粒花岗岩，火山角砾岩，长石石英砂岩，片麻岩 1，变粒岩 1，变粒岩，粗粒花岗闪长岩，混合变粒岩，混合片麻岩，混合片麻岩、混合变粒岩，里尔峪组混合岩，石英岩、变粒岩（夹），斜长角闪片麻岩，中粗粒黑云母花岗岩，中粗粒花岗岩，中粗粒石英正长岩，中粒二长花岗岩，中粒黑云母花岗岩，中粒花岗闪长岩，中粒花岗岩，中粒似斑状二长花岗岩	80～115

续表

一级类型	硬度等级	二级类型	硬度等级	代表性岩石	UCS /MPa
坚硬岩	I	坚硬岩 D	I_4	1.微风化的 I_3 级岩石； 2.弱风化的 I_1、I_2 级岩石； 3.未风化的：砂岩，片麻岩 2，变粒岩 2，变粒岩、片麻岩，变粒岩、片麻岩（互），变粒岩，浅粒岩，火山熔岩，流纹斑岩脉，浅粒岩变粒岩，闪长玢岩，石英斑岩，火山集块岩，砾岩（胶结较好）	60～80
较坚硬岩	II	较坚硬岩 A	II_1	1.微风化的 I_4 级岩石； 2.弱风化的 I_1、I_2、I_3 级岩石； 3.未风化的：花岗斑岩，砾岩（胶结一般），白云岩，石灰岩，大理岩，白云大理岩，白云岩、粉砂岩（互夹其他），白云岩、灰岩（互），斑状二长花岗岩，大理岩、片麻岩 2（互），混合岩，火山碎屑岩，火山碎屑岩、安山岩 1（互），砾岩、长石石英砂岩（互），砾岩、砂岩（互），砾岩、砂岩（夹），砂页岩、砾岩（互），石灰岩、白云岩（互），石灰岩、白云岩（夹），石灰岩、白云质灰岩，石灰岩、泥灰岩、页岩，石灰岩（夹），石英砂岩、页岩（夹），中酸性熔岩,火山碎屑岩，火山碎屑岩（火山灰胶结），中粒砂岩，石英片岩	40～60
		较坚硬岩 B	II_2	1.微风化的 II_2 级岩石； 2.弱风化的坚硬岩； 3.未风化的：巨斑状花岗岩，凝灰岩，细砂岩，泥灰岩，粉砂岩，片岩，安山质凝灰熔岩、安山岩 1（互），安山质凝灰岩，变质石英砂岩、碎屑岩，长石石英岩、片岩（夹），大理岩、二长片岩（夹），大理岩、片岩（夹），二云片岩，二云片岩、大理岩（夹），粉砂岩、白云岩（夹），粉砂岩、砾岩（互），粉砂岩、石灰岩（夹），粉砂岩、石灰岩（互），粉砂岩、石英砂岩（互），粉砂岩、页岩（互夹其他），粉砂岩（夹），泥灰岩、灰岩（互），凝灰岩、粗面岩，凝灰岩、粉砂岩（互），凝灰岩、碱性粗面岩（互），凝灰岩、凝灰质砂砾岩（互），凝灰岩、凝灰质砂岩（夹），凝灰质砂岩、粉砂岩（互），砂岩、粉砂岩，砂岩、粉砂岩（互），砂岩、砾岩（互），砂岩、砾岩（夹），砂岩、泥灰岩（互），砂岩、凝灰岩（互），砂岩、凝灰质砂岩（互），石英岩、片岩（夹），太古代安道尔基性－超基性杂岩，气孔状玄武岩，长石砂岩，岩屑砂岩，蛇纹大理岩，硼矿	30～40
较软岩	III	较软岩 A	III_1	1.强风化的坚硬岩； 2.弱风化的 II_1 级岩石； 3.微风化的 II_2 级岩石；	23～30

续表

一级类型	硬度等级	二级类型	硬度等级	代表性岩石	UCS/MPa
较软岩	III	较软岩A	III_1	4.未风化的：浮岩，生物碎屑灰岩，板岩，千枚岩，粉砂岩、页岩（夹），含煤碎屑岩系，片岩、板岩、千枚岩，片岩、板岩（互），千枚岩、大理岩（互），千枚岩、大理岩（夹），千枚岩、粉砂岩（互），千枚岩（夹），生物碎屑灰岩、白云岩（互），生物屑灰岩、泥灰岩，石灰岩、页岩（夹），碎屑灰岩，炭质板岩、二云片岩，页岩、白云岩（夹），页岩、长石砂岩（互），页岩、粉砂岩（互），页岩、灰岩（互夹其他），页岩、灰岩（互），页岩、砾屑灰岩（互），页岩、泥灰岩（互），页岩、泥灰岩（夹），页岩、砂岩（互），紫色泥岩，蛇纹岩	23～30
		较软岩B	III_2	1.强风化的坚硬岩； 2.弱风化的较坚硬岩； 3.微风化的 II_1 级岩石； 4.未风化的：页岩，钙质页岩、灰岩（互），砾岩泥岩，砾岩、页岩（夹），砂岩、页岩（互），页岩、煤（夹），砾屑灰岩，滑石矿	15～23
软岩	IV	软岩A	IV_1	1.强风化的坚硬岩； 2.弱风化～强风化的较坚硬岩； 3.弱风化的较软岩； 4.未风化的：泥岩，泥质页岩，绿泥石片岩，绢云母片岩等	5～15
极软岩	V	极软岩A	V_1	1.全风化的各种岩石； 2.强风化的软岩； 3.各种半成岩如黄土	≤5

注：①岩石后标注的 1、2，1 表示岩石致密坚硬，可划分为较高级别；2 表示岩石较致密坚硬，可划分为较低级别；
②互指互层、夹指夹层、互夹其他指互层或夹层中有其他未列出的岩性；
③UCS 指单轴抗压强度；
④二级类型中 A、B、C、D 为一级类型的分类；
⑤表 1.2 据内部资料：《重要海峡通道遥感调查技术要求》及《全国遥感调查技术指南》。

③岩体风化程度。

岩石风化程度：可分为未风化、微风化、弱风化、强风化、全风化，如表 1.3 所示《工程岩体分级标准》（GB/T 50218—2014）。

表 1.3　岩石风化程度的定性划分

风化程度	风化特征
未风化	岩石结构构造未变，岩质新鲜
微风化	岩石结构构造、矿物成分和色泽基本未变，部分裂隙面有铁锰质渲染或略有变色
弱风化	岩石结构构造部分破坏，矿物成分和色泽较明显变化，裂隙面风化较剧烈
强风化	岩石结构构造大部分破坏，矿物成分和色泽明显变化，长石、云母和铁镁矿物已风化蚀变
全风化	岩石结构构造完全破坏，已崩解和分解成松散土状或砂状，矿物全部变色，光泽消失，除石英颗粒外的矿物大部分风化蚀变为次生矿物

④岩体节理发育。

节理是一种发育广泛的裂隙，节理将岩层切割成块体，这对岩体强度和稳定性有很大影响，从而导致工程目标防护性能下降。节理发育程度见表 1.4。

表 1.4　节理发育程度等级划分表

等级	节理特性
不发育	一般 1～2 组规则节理和少数不规则节理；多为原生型和构造型，间距多大于 1m；闭合，无充填；延长度多小于 3 m
较发育	一般 2～3 组规则节理和少数不规则节理；以原生型和构造型为主，有少数风化节理；多数间距 0.3～1.0 m；多闭合，无充填，延伸长于 10 m，个别张开，有泥膜或岩粉碎屑方解石等充填
发育	一般规则节理多于 3 组，并有较多不规律节理，以构造型或风化型为主，多数间距小于 0.3m；以构造型为主且未风化者多闭合，不夹泥；以风化型为主或构造型经风化者多张开、夹泥，并有较多延伸长大于 10 m 的裂隙
很发育	一般规则节理多于 3 组，且有很多不规则节理，杂乱无序；间距多小于 0.2 m，多张开、夹泥，并有很多延伸长的大裂隙
极发育	一般规则节理多于 5 组，且有很多不规则节理，杂乱无序；间距多小于 0.1 m，多张开、夹泥，裂隙延伸长度大，次生裂隙较发育

⑤岩体破碎程度。

根据国标《工程岩体分级标准》(GB/T 50218—2014)，对岩体完整性指标归纳简化见表 1.5，将岩体破碎程度分为：完整、较完整、较破碎、破碎、极破碎 5 类。

表 1.5　岩体完整程度的定性划分

<table>
<tr><th rowspan="2">完整程度</th><th colspan="2">结构面发育程度</th><th rowspan="2">主要结构面的结合程度</th><th rowspan="2">主要结构面类型</th><th rowspan="2">相应结构类型</th></tr>
<tr><th>组数</th><th>平均间距/m</th></tr>
<tr><td>完整</td><td>1～2</td><td>>1.0</td><td>结合好或结合一般</td><td>节理、裂隙、层面</td><td>整体状或巨厚层状结构</td></tr>
<tr><td rowspan="2">较完整</td><td>1～2</td><td>>1.0</td><td>结合差</td><td rowspan="2">节理、裂隙、层面</td><td>块状或厚层状结构</td></tr>
<tr><td>2～3</td><td>1.0～0.4</td><td>结合好或结合一般</td><td>块状结构</td></tr>
<tr><td rowspan="3">较破碎</td><td>2～3</td><td>1.0～0.4</td><td>结合差</td><td rowspan="3">节理、裂隙、劈理、层面、小断层</td><td>裂隙块状或中厚层状结构</td></tr>
<tr><td rowspan="2">≥3</td><td rowspan="2">0.4～0.2</td><td>结合好</td><td>镶嵌碎裂结构</td></tr>
<tr><td>结合一般</td><td>薄层状结构</td></tr>
<tr><td rowspan="2">破碎</td><td rowspan="2">≥3</td><td>0.4～0.2</td><td>结合差</td><td rowspan="2">各种类型结构面</td><td>裂隙块状结构</td></tr>
<tr><td>≤0.2</td><td>结合一般或结合差</td><td>碎裂结构</td></tr>
<tr><td>极破碎</td><td colspan="2">无序</td><td>结合很差</td><td></td><td>散体状结构</td></tr>
</table>

2）土体调查要素

（1）土体的定义。

通常把地壳表层所有松散堆积物都称为土。在工程地质中，土体指岩土工程中具有一定体积的土层或若干土层的综合体。在军事地质中，能够被人工借助于工具（不含机械设备）进行挖掘的基岩之上的部分均称为土体。

作为地球表层重要的一部分，土体对军事活动具有较大的影响。不同类型的土体由于其工程性质的差异，可开挖性、承载能力、抗打击能力等均有显著的差异，进而影响军事工程建设和人员装备的可通行性。根据当前需求，军事地质中土体调查要素主要为土体的类型、土体的承载力、土体的厚度等。

（2）土体调查要素及其属性。

①土体的分类。

根据已有的国家标准，将土体分为：巨粒类土、粗粒类土、细粒类土和特殊性土。在此基础上，将巨粒类土分为巨粒土、混合巨粒土、巨粒混合土；将粗粒类土分为砾类土和砂类土；将细粒类土分为含粗粒的细粒土和细粒土；将特殊性土分为软土、胀缩土、冻土、黄土、盐渍土、稻田土。具体见表 1.6 和表 1.7。

表 1.6 土体分类

<table>
<tr><th colspan="2">一级类型</th><th colspan="2">二级类型</th><th colspan="2" rowspan="2">分类标准</th><th colspan="3">三级类型</th></tr>
<tr><th>名称</th><th>代码</th><th>名称</th><th>代码</th><th colspan="2">名称</th><th>代码</th></tr>
<tr><td rowspan="6">巨粒类土</td><td rowspan="6">VI</td><td rowspan="2">巨粒土</td><td rowspan="2">VI_1</td><td rowspan="2">巨粒含量>75%</td><td>漂石含量>卵石含量</td><td colspan="2">漂石（块石）</td><td>B</td></tr>
<tr><td>漂石含量≤卵石含量</td><td colspan="2">卵石（碎石）</td><td>Cb</td></tr>
<tr><td rowspan="2">混合巨粒土</td><td rowspan="2">VI_2</td><td rowspan="2">50%<巨粒含量≤75%</td><td>漂石含量>卵石含量</td><td colspan="2">混合土漂石（块石）</td><td>BS1</td></tr>
<tr><td>漂石含量≤卵石含量</td><td colspan="2">混合土卵石（块石）</td><td>CbS1</td></tr>
<tr><td rowspan="2">巨粒混合土</td><td rowspan="2">VI_3</td><td rowspan="2">15%<巨粒含量≤50%</td><td>漂石含量>卵石含量</td><td colspan="2">漂石（块石）混合土</td><td>S1B</td></tr>
<tr><td>漂石含量≤卵石含量</td><td colspan="2">卵石（碎石）混合土</td><td>S1Cb</td></tr>
<tr><td rowspan="8">粗粒类土</td><td rowspan="8">VII</td><td rowspan="4">砾类土</td><td rowspan="4">VII_1</td><td rowspan="4">砾粒组含量>砂粒组含量</td><td>细粒含量<5%</td><td colspan="2">砾</td><td>G</td></tr>
<tr><td>5%≤细粒含量<15%</td><td colspan="2">含细粒土砾</td><td>GF</td></tr>
<tr><td rowspan="2">15%≤细粒含量<50%</td><td rowspan="2">细粒土质砾</td><td>黏土质砾</td><td>GC</td></tr>
<tr><td>粉土质砾</td><td>GM</td></tr>
<tr><td rowspan="4">砂类土</td><td rowspan="4">VII_2</td><td rowspan="4">砾粒组含量≤砂粒组含量</td><td>细粒含量<5%</td><td colspan="2">砂</td><td>S</td></tr>
<tr><td>5%≤细粒含量<15%</td><td colspan="2">含细粒土砂</td><td>SF</td></tr>
<tr><td rowspan="2">15%≤细粒含量<50%</td><td rowspan="2">细粒土质砂</td><td>黏土质砂</td><td>SC</td></tr>
<tr><td>粉土质砂</td><td>SM</td></tr>
<tr><td rowspan="2">细粒类土</td><td rowspan="2">VIII</td><td rowspan="2">含粗粒的细粒土</td><td rowspan="2">VIII_1</td><td rowspan="2">25%<粗粒组含量≤50%</td><td>砾粒组含量>砂粒组含量</td><td colspan="2">含砾细粒土</td><td>…+G</td></tr>
<tr><td>砾粒组含量≤砂粒组含量</td><td colspan="2">含砂细粒土</td><td>…+S</td></tr>
</table>

续表

一级类型		二级类型		分类标准			三级类型		
名称	代码	名称	代码				名称		代码
细粒类土	VIII	细粒土	VIII_2	粗粒组含量≤25%	$I_p \geq 0.73(\omega_L-20)$和$I_p \geq 4$	$\omega_L \geq 50\%$	黏土	高液限黏土	CH
						$\omega_L < 50\%$		低液限黏土	CL
					$I_p < 0.73(\omega_L-20)$和$I_p < 4$	$\omega_L \geq 50\%$	粉土	高液限粉土	MH
						$\omega_L < 50\%$		低液限粉土	ML
					$I_p = 0.73(\omega_L-20)$以上和$4 \leq I_p < 7$		黏土或粉土		CL-ML
					有机质含量$5\% \leq O_m < 10\%$		有机质土		…+O
					有机质含量≥10%		有机土		

注：粒组粒径 d（mm）：巨粒 $d>60$，其中，漂石 $d>200$，卵石 $60<d\leq200$；粗粒 $0.075<d\leq60$，其中，砾粒 $2<d\leq60$，砂粒 $0.075<d\leq2$；细粒 $d\leq0.075$，其中，粉粒 $0.005<d\leq0.075$，黏粒 $d\leq0.005$

表 1.7 特殊性土类型及其特征

类型	特征
软土	沿海的滨海相、三角洲相、湖泊相、沼泽相等主要由细粒土组成的土，具有天然含水率高、孔隙比大、压缩性高和强度低等特点
胀缩土	干时多呈硬塑或坚硬状态，遇水膨胀，失水后收缩，反复干缩变形作用，致使土体开裂，形成滑坡
冻土	发育于青藏高原、高山或极高山地区以及冰川冰水堆积的湖盆地中，在山区雪被冰川化冻季节常常会发生冻融型泥石流、滑坡及崩塌等灾害
黄土	分布在黄土高原，多属湿陷性黄土，垂直节理发育；遇水易自重湿陷，雨季水土流失强烈；在黄土塬和黄土梁区被切割的沟坡常会发生崩塌、滑坡和泥石流
盐渍土	分布于干旱半干旱地区，盐土、碱土和各种盐化、碱化土壤的总称，干燥时具有较高的强度，潮湿时强度降低、压缩性增加
稻田土	分布较广，指在长期淹水种稻条件下，受到人为活动和自然成土因素的双重作用，而产生水耕熟化和氧化与还原交替，以及物质的淋溶、淀积，形成特有剖面特征的土壤

②土体的厚度。

土体厚度一般指从基岩到空气界面之间的距离。土体的厚度对地表、浅地表工事构建具有重要意义。在人工作业条件下，当土体可开挖性好，土体厚度较厚时，有利于地表、浅地表工事的构建。

③土体的承载力。

土体的承载力主要指单位面积土体上随荷载增加所发挥的承载潜力，是评价装备可通行性的重要参数。

土体承载力一般在野外通过圆锥动力触探设备获取。

3）水体调查要素

（1）水体的定义。

水体包括地表水和地下水两部分。军事地质中的地表水指存在于地壳表面，暴露于大气的水，是江河、湖泊、冰川、沼泽4种水体的总称，这里将泉、井等列入兵要地志中。地下水是指赋存于地面以下岩石空隙中的水。地表水和地下水都是战场地质环境的重要组成部分。

（2）地表水调查要素。

地表水的调查要素包括了地表水的类型、宽度（江河）、面积（湖泊、水库等）、平均水深（冰川平均厚度）、水质类型等。同时对江、河还需要调查其平均流速、岸线土质类型、水底底质等。

①地表水类型：江河、湖泊、水库、冰川、沼泽。

②水体宽度：针对江河、冰川类水体，需要调查其平均宽度，一般通过实地调查或者通过多季节的遥感影像获取。

③水体面积：针对湖泊、水库，调查其面积特征，一般利用多季节遥感影像勾绘其范围，求其平均面积。

④平均水深：主要是水体深度特征，对冰川取其平均厚度。

⑤水质类型：按照淡水（≤1 g/L）、半咸水（1～35 g/L）、咸水（≥35 g/L）进行区分。

⑥江河平均流速：实地调查江河的平均流速。

⑦江河岸线土质类型：按照岸线的类型，可分为泥质、砂质、砾石、卵砾石、卵石、漂砾质和基岩。

⑧江河水底底质：分泥质、砂质、砾石、卵砾石、卵石、漂砾质、基岩等。

（3）地下水调查要素。

地下水调查要素主要包括地下水类型、地下水储量、地下水水质三类。

地下水类型，包括孔隙水、裂隙水（新近系–白垩系碎屑岩类孔隙裂隙水）、岩溶水、冻结层水（表1.8）。

表1.8 地下水类型分类表

地下水一级类型	地下水二级类型	地下水三级类型
孔隙水	松散岩类孔隙水	
裂隙水	碎屑岩类裂隙水	新近系–白垩系碎屑岩类孔隙裂隙水
	岩浆岩类裂隙水	
	变质岩类裂隙水	
岩溶水	碳酸盐岩类岩溶水	
冻结层水	松散岩类冻结层水	
	基岩类冻结层水	

4）构造调查要素

（1）构造的定义。

构造包括断层、褶皱。断层是岩层受地应力作用后，当力超过岩石本身强度使其连续性和完整性遭受破坏而发生破裂，断裂面两侧岩石发生明显相对位移。褶皱是岩石中的各种面（如层面、面理等）受力发生的弯曲而显示的变形。

（2）构造调查要素。

构造的调查，需要确定区域大地构造背景；查明并描述不同的构造类型。查明与含水有关的褶皱类型，如含水向斜。查明断层及断层破碎带的性质、规模、产状、破碎带宽度及破碎情况。重点查明活动断层的产状、性质、规模，查明断层的导水性质及潜力。

①断层。

断层对大型工程建设具有重要影响，因此需要查明断层的性质、断层的类型、断层的空间分布特征（长度、宽度、走向、倾向等）。

断层性质包括正断层、逆断层、平移断层、性质不明、推测断裂；断层类型包括：压性、张性、走滑、扭性、性质不明；断层的活动性包括活动、不活动、性质不明；断层的空间分布特征可根据调查资料或遥感图像进行填写；并推测其控水性特征。

②褶皱。

褶皱同样对大型工程建设具有一定的影响。在军事地质调查中，需要调查褶皱的类型和空间分布特征。

褶皱类型包括向斜、背斜、复式褶皱；褶皱位态特征包括直立水平褶皱、直立倾伏褶皱、斜歪水平褶皱、斜歪倾伏褶皱、平卧褶皱、斜卧褶皱。

5）地质灾害调查要素

（1）地质灾害的定义。

地质灾害包括崩塌、滑坡、泥石流，以及火山和地震。

①崩塌，是较陡斜坡上的岩土体在重力作用下突然脱离母体崩落、滚动、堆积在坡脚（或沟谷）的地质现象，一般在道路两侧出现的崩塌是地质灾害调查的重点。

②滑坡，是指斜坡上的土体或者岩体，受河流冲刷、地下水活动、雨水浸泡、地震及人工切坡等因素影响，在重力作用下，沿着一定的软弱面或者软弱带，整体地或者分散地顺坡向下滑动的自然现象。

③泥石流，是指在山区或者其他沟谷深壑、地形险峻的地区，因为暴雨、地震或其他自然灾害引发的松散岩土与水混合形成的一种特殊洪流（孟红锐，2016；刘传正，2014）。泥石流具有突然性以及流速快、流量大、物质容量大和破坏力强等特点。发生泥石流常常会冲毁公路铁路等交通设施甚至村镇等，造成巨大损失。

（2）地质灾害调查要素。

①崩塌、滑坡、泥石流。

对于崩塌、滑坡、泥石流三类常规地质灾害，主要调查其类型（崩塌类型包括土质崩塌、岩石崩塌；滑坡类型包括土质滑坡、岩石滑坡；泥石流类型包括泥流、泥石流、水石流）、规模、威胁对象（堤坝、道路、房屋、桥梁、基站、农田、果园、军事设施）、影响程度。

②火山。

火山地质灾害，主要针对已经存在的火山进行调查，收集火山类型（死火山、活跃火山）、火山规模。

③地震。

地震地质灾害，利用地震台网数据，收集多年来的地震数据，包括地震时间、地震烈度、影响范围。

另外，飓风、洪水等也可以归结到地质灾害中。这些地质灾害对军事基地的选址具有重要影响。例如1991年菲律宾皮纳图博火山（Pinatubo）喷发是导致美国不得不放弃苏比克湾海军基地（Naval Base Subic Bay）和克拉克空军基地（Clark Air Base）的一个重要外在因素，放弃这两个基地对其军事战略造成严重影响。美国廷德尔空军基地（Tyndall Air Force Base）、霍姆斯特德空军基地（Homestead Air Force Base）受飓风影响而损毁严重，基地被迫关闭。

1.1.5 小结

在军事地质调查工作中，地面调查仍然是不可缺少的一环。但是遥感技术的应用可以有效地减少地面地质调查的工作量，增强野外调查的目的性和针对性。目前国内已经完成大量的基础地质调查，具有从1:50万到1:5万的基础地质调查成果，如何在这些成果的基础上进行转化和提炼，生成军事地质成果是当前面临的一个重要问题。因此，对于军事地质调查要素的界定既要考虑军事需求，又要考虑当前已有地质成果资料的内容。

美国军事地质调查是与美国地质调查局合作，通过军民协作的方式在美国本土和全球开展调查工作。其特征是将军事地质调查要素融合到民用地质调查要素中，由民间完成具体的地质调查，由相关部门从民用地质调查成果中提取、转化出军事地质所需的信息，实现从民到军的信息转化。

因此，笔者所提出的军事地质调查要素是在传统地质调查的基础上，结合军事需求展开，既考虑常规地质调查的手段和所能够调查的资料情况，保证能够对常规地质调查成果的改化，又补充必要的军事地质要素。

1.2 军事地质遥感调查

1.2.1 军事地质遥感调查历史与现状

1. 遥感技术发展历史

遥感（remote sensing）即“遥远的感知”，从广义理解，遥感泛指一切无接触的远距离探测，包括对电磁场、力场、声波、地震波的探测。狭义遥感的概念是指基于电磁辐射场的探测和成像过程。对地球重力场和磁场的空间探测称为地球物理探测，地球物理探测主要应用于区域测量、地质找矿、工程测量等；对声波的探测称为声纳测量，主要用于水下测量，如海洋探测或河道地形测量等；对地震波的探测称为地震测量，主要用于石油资源勘测和地震测量。实际工作中，人们将这些领域的探测统称为物理探测范畴，而“遥感”仅仅是指用于电磁波谱探测或基于电磁辐射测量的对地观测范畴。

遥感的历史伴随着军事应用开始，早期以飞鸽、气球（1860 年）、风筝（1882 年前后）为载体进行摄影测量，其实质是获得更大范围的影像数据并应用于民用领域；在第一次世界大战之前的阿尔及利亚–意大利战争中，首次利用飞机作为载体进行军事侦察；1914 年 9 月，一个英国侦察员在执行空中侦察任务时，将自己的箱式照相机带上飞机，拍摄了 5 幅照片并用于地面情报的识别分析，首次开创了摄影测量在军事中的应用。此后对地面情报的大规模需求促进了航空摄影测量装备和技术的进步，至今形成星载、机载和无人机载等多平台的遥感装备和技术，在战场监测与战场环境调查中发挥着重要作用（Ackerman，2002，2001）。

2. 遥感地质调查

自 20 世纪 40 年代开始，遥感开始广泛地应用于地质调查，这一阶段主要是利用航片的目视解译技术对地质体进行解译制图。20 世纪 60 年代气象卫星影像为地质学家带来了全新的全球地质视觉，催生了 1972 年的第一颗地球资源技术卫星（ERTS-1），至此利用星载遥感图像进行地质调查开始成为地质调查的重要组成部分（Fischer et al.，1976）。遥感图像是最基本的空间遥感资料，它是地表景观的缩影，它把地表地形、水系、植被、岩性、构造的差异以不同的图形纹理结构和色调特征反映出来，通过对图像特征的研究，地质学家可以获得地质体、地质作用、地质过程丰富的地学信息，从这些信息中可以发现一些地面地质调查所不易或不能发现的地学信息，以及区域地质体之间的空间关系和成因联系，从而可以解决一些常规地质工作方法所不能发现或解决的问题。

我国遥感技术发展始于 20 世纪 50 年代初期，主要是引进常规航空摄影技术，进行了大面积航空摄影测量，并开始航测成图和航空相片的综合利用（主要是进行自然资源勘测）。20 世纪 70 年代至 80 年代中期，遥感地质调查开始进入起步阶段，这一阶段主要是利用航空相片和国外的陆地资源卫星影像进行遥感解译，开展了大量的地质遥感调查项目，并取得丰硕的成果。

后期随着技术的进步，遥感图像的分辨率和波段的提高，地质体的解译精度有了较大的进步。目前，地质遥感调查已经成为地质调查中一个不可缺少的部分。

3. 军事地质遥感调查

军事地质遥感调查开始于第一次世界大战期间。英国多名地质学家参与了航片的地质解译工作。从战后的资料分析，地质学家们参与了地下水调查与开发、矿产资源调查开发以及地下工事的建设工作，以编绘境外（阿尔巴尼亚、中国、印度、泰国等国家）的地质图（Rose et al.，1998）。在第二次世界大战期间，美国 MGU 的地质学家利用航片进行解译，提供地质图件和地质报告，为军事活动提供参考。在朝鲜战争期间，美军的军事地质调查充分利用了航片及卫星遥感图像，对军事活动进行指导。在非军事区建立后，更是利用航片和遥感图像，详细调查了非军事区的地质构造特征及地形地貌特征，对土体、岩体特征进行了详细研究，对不同岩土体区域的武器装备打击效果进行评价。在海湾战争期间，军事地质学家利用高精度的遥感图像对战区的地质特征进行调查分析，结合地面调查资料和公开文献，圈定潜在的天然建筑材料开采区、评估诸如Sabkhah等地形特征、调查包括地下水在内的给水区，评价越境作战行动中道路的可通行性等。军事地质遥感调查工作已经成为美军地质调查的重要组成部分。

自阿富汗反恐作战开始，美军在军事地质遥感调查方面除传统的地质调查模式以外，还验证了大量的新技术、新装备。例如美军 NP-3D“猎户座”反潜飞机在阿富汗进行飞行测试，以探测地下空间地物特征，使美军掌握了地下洞窟的分布特征，对反恐作战具有重要的意义。

我国军事地质遥感调查工作开始于 2010 年前后。韩天成等（2006）系统探讨了遥感技术在军事地质调查中的应用，提出军事水源遥感侦查的方法，为战区野战给水提供科学依据。于德浩等（2009）提出基于 MNDWI 的浅层地下水提取技术，之后龙凡等（2012）对军事地质中地表水的遥感提取技术进行了总结。李远华等（2012）通过分析军事活动类型与地质要素间关系，提出陆域遥感军事地质图的信息组成。随后军事地质学（刘晓煌 等，2016；唐金荣 等，2016）及军事遥感地质学（于德浩 等，2017）两个概念的正式提出标志着军事地质及军事遥感地质工作具有了明确的概念和目标。其他学者也在军事地质调查领域进行了一系列的工作（孙红政 等，2017；孙兴丽 等，2017；方涛 等，2016；邓正栋 等，2013；陈艺天 等，2011；殷宏 等，2011；韩绍卿 等，2010；姜春良，1995；龙凡，1990；王杭生 等，1985）。此后原沈阳军区某所联合中国国土资源航空物探遥感中心、中国地质大学（武汉）等多家单位，在某地区开展军事地质遥感调查工作，取得大量的调查成果，并形成了《军民地质调查野外工作纪要和方法指南》。2015 年之后，武警黄金部队联合中国地质大学（武汉）等多家单位在多个地区开展军事地质遥感调查工作。上述研究工作和工程项目推动了军事地质遥感调查工作的进展，使我军的军事地质遥感调查从无到有，快速发展，成为军事地质调查的重要组成部分（蔡中祥 等，2001）。

1.2.2 军事地质遥感调查的优势及不足

1. 军事地质遥感调查的优势

按照传统地质调查工作的部署，遥感地质调查是其不可缺少的一部分；同样在军事地质调查中，遥感工作具有不可替代的作用。

传统军事地质调查工作，需要经过严格的地面调查、取样、实验过程，调查准确度和野外路线的密度、样品的数量等成正比，因此其要素更完备，更准确。与之相应的是需要投入大量的人力、物力和 1～3 年的工作周期，适合在境内进行调查。而军事地质遥感调查，则着重利用遥感技术，结合少量的野外验证工作或一定量的野外调查资料（可以是公开的、高质量的地质调查报告），实现一定区域的军事地质要素信息解译。在诸如岩石硬度等级等具体的要素内容上，需要结合资料、具有代表性的调查成果和样品进行分析，界定岩体的岩石硬度等级。这与传统大规模、大批量的野外调查与样品分析形成了明显的差异。但是不可否认的是军事地质遥感调查具有快速、大范围、经济实惠的优势。一个经验丰富的地质遥感调查团队，可以在 1～2 个月甚至更短的时间内完成一幅 1:5 万图幅的解译任务。

2. 军事地质遥感调查的不足

由于遥感技术自身的限制和地质条件的复杂性，尽管军事地质遥感工作取得了丰硕的成果，但是不可否认军事地质遥感调查仍然存在一定的问题需要重视并逐步解决。

1）单一数据源无法满足军事地质遥感解译的需要

目前在遥感地质解译中，多使用可见光–近红外的光学遥感数据，且受到空间分辨率、光谱分辨率的限制，导致在岩体、土体、构造、矿物识别上存在不足。为了解决这一问题，需要综合使用多源遥感数据进行解译，例如使用 Landsat 数据进行区域尺度的地质体和构造的解译，利用高分二号 1 m 高分辨率遥感影像进行更详细的解译工作，利用 ASTER、WorldView-3 或机载设备获取的高光谱数据进行矿物识别。

在某些地区，由于气候原因云层覆盖率较高，传统光学遥感无法有效地覆盖工作区域。例如在东南亚多云多雨地区，受天气影响和卫星成像周期的影响，获得高质量的卫星影像难度较大。在这种情况下，可以采用雷达遥感数据作为主要的信息源。

2）部分调查要素属性无法通过遥感手段获取

单一的地质遥感调查不能解决所有的地质问题，所有的遥感地质调查必须包含一定的野外调查和验证工作。由于地质的复杂性和多变性，同样的岩土体在遥感影像上具有不同的影像特征，必须通过实测资料、野外调查和野外验证，建立区域性的解译标志，实现军事地质遥感解译。

另外，由于军事地质要素的特殊性，部分属性无法通过遥感手段获得，必须依靠外来资料（已有的文献资料、地面调查资料、水文实测资料等）进行补充。

3）解译精度受限于遥感解译人员的经验与技术水平

在地质遥感解译的过程中，人机交互模式是当前解译的主要方式。但是由于具体人员的经验和技术水平的差异，对区域地质认识掌握不足，最终解译精度无法满足要求。在这种情况下，培训提升解译人员的技术水平是提高解译精度和效率的必然过程。

当前人工智能在地质遥感领域的应用仍然处于起步阶段。遥感解译主要通过地物的光谱特征、纹理特征来综合判断地质体的属性，而包括当前深度学习在内的人工智能技术受到样本、算法的多重影响，无法完美地完成地质体的识别。但是不可否认，随着人工智能技术的快速发展，未来必将在军事地质遥感解译中发挥重要作用。

4）当前对地下战场调查存在不足

由于光学遥感所反映的主要是地表的特征，无法透视地下地物特征。随着特定战场条件下精确制导、精准打击的需求，对地质现象的认识需要从地表深入地下，需要了解地表之下岩体性质、构造特征。如何获取地下信息，显然是当前光学遥感无法解决的。因此，需要引入地质力学理论、结合数学地质、高性能计算技术，综合电法、磁法、重力、放射性等地球物理的综合调查技术，使现代军事地质遥感调查从地表向地下发展，真正实现“玻璃战场”的需求。

1.3 军事地质 SAR 遥感调查

1.3.1 基础地质 SAR 遥感调查

SAR（synthetic aperture radar，合成孔径雷达）作为一种主动式遥感系统，通过发射电磁波并接收其后向散射回波完成成像。它不依赖太阳辐射，具备全天时对地观测能力。此外，SAR 对云、雨、雪的穿透作用使得其同时具备全天候的数据获取能力，对干燥地物也具有一定的穿透性（Schroder et al.，2005；周辉 等，2005）。这些独特的优势使其在地质学领域得到了广泛的应用。在 20 世纪 60 年代，美国在云雨覆盖、植被茂盛的南美地区开展大规模的机载 SAR 地质应用试验（郭华东，1991a）。Schaber 等（1997）在美国加利福尼亚的死谷地区利用 L、X 波段机载 SAR 开展地质体的识别工作，发现不同地物在 L 波段和 X 波段影像上具有不同的识别效果。SeaSat SAR 数据被用于线性地质特征的识别中，并与 Landsat MSS 影像进行对比，发现 SAR 对线性特征具有更好的识别效果（Frod，1980）。此后，SAR 在非洲北部（Schaber et al.，1986）、我国内蒙古等沙漠地区（郭华东，1986）以及巴西、马来西亚等热带雨林地区的地质调查中发挥了巨大作用，发现了众多被砂层、植被覆盖的古河道、断裂、岩墙、基岩和火山口等隐伏地质要素和活动性地质体特征（郑鸿瑞 等，2018；孟树 等，2017；崔建楠，2015；倪卓娅，2012；汤沛 等，2012；陈丁，2011；杨涛 等，2010；谭衢霖，2009；谭衢霖 等，2002；Guha et al.，2008；Rabelo et al.，2007；Pena et al.，2006；颜蕊，2006；Pedros et al.，2001；张直中，2000；Abdelsalam et al.，2000；Hanks et al.，1997；Graham et al.，1997，1991；Guo et al.，1993；郭华东，1991a，1991b；McCauley et al.，1982）。

在调查内容和调查方法上，主要采用单一波段的 SAR 数据分析（Mahmood et al.，2001；Madhavan et al.，1997；Johnsen et al.，1995），或同时分析不同波长下对地质体的识别效果（郭华东，1991b；McCauley et al.，1982）；或利用多极化 SAR 进行彩色合成或者极化分解组合进行地质体的解译（孟树 等，2017）；或者利用差分干涉测量技术/永久散射体技术或相关技术对断层的活动性（杨珍，2017；李震，2016；李鹏，2013）、滑坡体的稳定性进行评价（郑万基 等，2018；刘筱怡，2017；刘筱怡 等，2017）。

同一地质条件下，岩土体对不同波长和不同极化方式的雷达波的回波响应各不相同，利用不同波长、不同极化方式的 SAR 数据，可以有效地识别岩土体、构造特征及地质灾害特征，可作为军事地质遥感调查的重要数据源（赵为伟，2006）。

1.3.2 军事地质 SAR 遥感调查历史

虽然 SAR 在地质调查领域发挥了重要作用，但是在军事地质领域中的基础应用鲜见于公开的文献资料。根据美国 *Progress in Remote Sensing*（1972-1976）中对遥感技术（Fischer et al.，1976）、装备及应用的总结来看，美国在这一阶段已经将合成孔径雷达技术应用于军事地质遥感调查中，并取得较好的效果。在海湾战争期间，地质学家利用光学遥感图像和 SAR 影像调查地下水分布特征，解译水井位置，为联军规划营地（Knowles et al.，1998）。在波黑战争期间，美军介入当时的内战当中，利用地质遥感手段寻找水源并分析基础地质情况，为非政府组织的难民营选址提供直接帮助。这些工作表明，利用合成孔径雷达数据进行军事地质遥感调查，不单单为战场环境服务，同样也为民事活动提供了帮助。

从已经公开发表的文献分析，SAR 除在军事地质调查方面的应用外，主要集中在掩埋地雷探测（Tiwari et al.，2008）、金属废弃物探测（Daniels et al.，2003；Schaber et al.，1999）等方面。

1.3.3 军事地质要素 SAR 遥感调查潜力

SAR 对云、雨具有穿透性，并且有多波长、多角度和多极化特征，同一地物对不同雷达波的散射也不相同，可以借助于 SAR 的这一特征进行军事地质遥感调查，不但可以满足常规的军事地质遥感调查内容，而且可以借助于雷达差分干涉测量技术对断裂、滑坡、塌陷等进行监测评估，实现战场环境的变化检测。

根据军事地质遥感调查要素内容，当前雷达遥感能够实现大多数（90%左右）要素的解译、提取，但是对于一些需要现场确定的要素内容或需要样品进行分析的要素内容，则无法解决。以下根据笔者多年的项目工作经验对军事地质要素的可解译程度进行总结。

1. 岩体可解译程度

雷达遥感能够识别裸露的岩体和浅覆盖的岩体，并识别岩体的类型和绝大多数的属性。但是对一些具有同样表征特征的属性，如破碎程度、风化程度等容易形成误判，可能造成解译错误。因此，在进行岩体解译之前，要详细了解工作区的构造背景、气候特征，通过已有地质资料或临近区地质资料对工作区的基础地质、工程地质、水文地质、地形地貌特征进行初步的分析，在统一的地质背景下解决岩体的识别问题，不可直接将一个区域的地质解译标志照搬到另外一个区域。表 1.9 为岩体调查属性及雷达遥感可解译程度。

2. 土体可解译程度

一般情况下，土体在 SAR 遥感影像上呈现较暗的色调，这主要是电磁回波信号较弱的原因。对含有大的碎石的土体，在 SAR 影像上呈现明亮的斑点，而对于碎石较小或含水量较高的土体，色调更为暗淡，这是区分土体的一个重要标志。因此，在SAR影像上，土体的识别只能达到一级分类，而对于二级分类则需要在野外验证的基础上进行分类，否则需要借助于高分辨率光学遥感图像进行协同分类（阿布都拉·阿不都卡地尔 等，2018；Ricchetti，2001）。表1.10为土体调查属性及雷达遥感可解译程度。

表1.9 岩体调查属性及雷达遥感可解译程度

岩体属性	属性内容	可解译程度	建议解译方法	SAR数据要求
一级分类	沉积岩、岩浆岩、喷出岩、变质岩	可解译	直接解译	单极化、多极化均可
二级分类	碳酸盐岩类、砂岩类、泥岩类；片岩、板岩、千枚岩、片麻岩、大理岩、石英岩等；花岗岩类、辉绿岩类、辉长岩类；流纹岩、安山岩、玄武岩及火山碎屑岩	可解译	直接解译+间接解译	单极化，多极化最好
岩石硬度等级	坚硬岩、较坚硬岩、较软岩、软岩、极软岩	可间接解译	需根据野外调查成果填写，无样品条件下可根据区域同类岩石资料进行推断	单极化，多极化最好
风化程度	未风化、微风化、弱风化、强风化	可间接解译	根据野外调查成果填写，根据岩体类型和地貌特征进行间接解译	高分辨率
破碎程度	完整、较完整、较破碎、破碎、极破碎	可间接解译	根据野外调查成果填写	高分辨率
节理发育程度	不发育、较发育、发育、很发育、极发育	部分解译	侵入岩类可解译	高分辨率

表1.10 土体调查属性及雷达遥感可解译程度

土体属性	属性内容	可解译程度	建议解译方法	SAR数据要求
一级分类	巨粒类土、粗粒类土、细粒类土和特殊性岩土	可解译	直接解译	单极化、多极化均可
二级分类	巨粒土、混合巨粒土、巨粒混合土；砾类土和砂类土；粗粒的细粒土和细粒土；软土、胀缩土、冻土、黄土、稻田土	可解译	直接解译+间接解译	高分辨率雷达数据与光学遥感数据协同
土体厚度		可反演	在干旱半干旱区利用模型进行反演	L波段多极化/全极化雷达数据
土体成因		可解译	直接解译	

3. 构造可解译程度

SAR影像对构造的线性特征反映灵敏，能够识别断裂、褶皱的构造，通过多时相的

SAR 干涉处理，可以实现活动断层活动性的监测。表 1.11 及表 1.12 分别为断裂及褶皱的雷达遥感可解译程度。

表 1.11　构造调查属性及雷达遥感可解译程度

断裂属性	属性内容	可解译程度	建议解译方法	SAR 数据要求
断层性质	正断层、逆断层、平移断层、性质不明、推测断裂	可解译	直接解译+间接解译	单极化、多极化均可
断层类型	压性、张性、走滑、扭性、性质不明	可解译	直接解译+间接解译	单极化、多极化均可
活动性特征	活动、不活动、性质不明	可解译	利用 PSInSAR 或 DInSAR 技术直接解译	需要多景 SAR 数据
空间分布	长度、宽度等	可解译	直接解译	单极化、多极化均可

表 1.12　褶皱调查属性及雷达遥感可解译程度

褶皱属性	属性内容	可解译程度	建议解译方法	数据要求
褶皱类型	向斜、背斜、复式褶皱	可解译	直接解译+间接解译	需要高分辨率 SAR 影像，以确定岩层产状
位态特征	直立水平褶皱、直立倾伏褶皱、斜歪水平褶皱、斜歪倾伏褶皱、平卧褶皱、斜卧褶皱	可解译	直接解译+间接解译	需要高分辨率 SAR 影像，以确定岩层及轴面产状
空间分布		可解译	直接解译	单极化、多极化均可

4. 地质灾害可解译程度

SAR 影像对地质灾害的解译方法与光学遥感类似，但是在某些山体陡峭区域受到地形影响导致解译效果不佳。但是通过多时相的 SAR 干涉处理，可以实现滑坡体活动性的监测。表 1.13 为地质灾害的雷达遥感可解译程度。

表 1.13　地质灾害调查属性及雷达遥感可解译程度

属性	属性内容	可解译程度	建议解译方法	数据要求
地质灾害类型	崩塌类型：土质崩塌、岩石崩塌；滑坡类型：土质滑坡、岩石滑坡；泥石流类型：泥流、泥石流、水石流	可解译	直接解译+间接解译	需要高分辨率 SAR 影像
威胁对象	堤坝、道路、房屋、桥梁、基站、农田、果园、军事设施	可解译	直接解译+间接解译	需要高分辨率 SAR 影像
规模	特大、大、中、小	可解译	直接解译	需要高分辨率 SAR 影像

第 2 章

合成孔径雷达理论基础

合成孔径雷达成像是一种主动遥感过程，这与传统光学遥感的被动遥感过程有本质的区别。为了更好地掌握合成孔径雷达影像在军事地质遥感调查工作中的应用，就需要从机理上掌握电磁传播理论、合成孔径雷达成像等相关理论，做到知其然并知其所以然，才能在遥感解译中得到较为完善的解译成果。

本章首先从电磁波的传播理论出发，介绍电磁波的传播、极化特征，分析电磁波与自然表面的相互作用过程，然后介绍合成孔径雷达的成像过程和其特有的干涉测量理论基础。在此基础上，列举当前的合成孔径雷达数据及卫星平台情况。考虑未来地下设施调查的需求，本章补充介绍星载低频长波下视雷达特征及其成像理论。

2.1　电磁波传播理论

2.1.1　电磁波的传播与极化

根据电磁理论，空间任何一处只要存在变化的电场，它就能够在周边空间激发磁场。在变化的磁场周边空间激发电场。这种电场和磁场能量不停地相互转换，就形成随时间变化的电磁场，并以波动的形式在空间中传播。电磁波就是以波动形式在空间传播并传递电磁能量的交变电磁场。电场和磁场总是密不可分的，既不会有单一的电场，也不会有单一的磁场。为了完整地理解合成孔径雷达的电磁波传输特征，必须从电磁波的基本方程入手。

1. 麦克斯韦方程组

麦克斯韦方程组适用于描述电磁波在任意介质中的传播特征，它是在对宏观电磁现象的实验规律进行分析总结的基础上得到的，揭示了电场与磁场之间以及电磁场与电荷、电流之间的相互关系，是一切宏观电磁场现象所遵循的普遍规律（王超 等，2008）。在线性、均一介质条件下，空间任意一点 r 的电场矢量在任意时刻 t 都满足麦克斯韦方程：

$$\nabla\times\boldsymbol{E}(r,t)+\frac{\partial}{\partial t}\boldsymbol{B}(r,t)=0 \tag{2.1}$$

$$\nabla\times\boldsymbol{B}(r,t)=\mu_0\mu_{\mathrm{r}}\sigma\boldsymbol{E}(r,t)+\mu_0\mu_{\mathrm{r}}\varepsilon_0\varepsilon_{\mathrm{r}}\frac{\partial}{\partial t}\boldsymbol{E}(r,t) \tag{2.2}$$

$$\nabla\bullet\boldsymbol{E}(r,t)=\frac{1}{\varepsilon_0\varepsilon_{\mathrm{r}}}\rho \tag{2.3}$$

$$\nabla\bullet\boldsymbol{B}(r,t)=0 \tag{2.4}$$

式中：$\boldsymbol{E}(r,t)$ 为电场强度矢量；$\boldsymbol{B}(r,t)$ 为磁通密度矢量；$\mu_0=4\pi\times10^{-7}\,\mathrm{H/m}$ 为真空磁导率；μ_{r} 为相对磁导率；σ 为电导率；$\varepsilon_0=8.854\times10^{12}\,\mathrm{F/m}$ 为真空介电常数；ε_{r} 为相对介电常数；ρ 为电荷密度；$\nabla\times$ 为旋度算子，$\nabla\bullet$ 为散度算子，二者的运算作用于空间坐标；$\partial/\partial t$ 为偏微分算子，作用于时间。式（2.1）和式（2.2）分别称为法拉第定律和广义安培定律，它们分别揭示了随时间变化的电场产生随时间变化的磁场，以及随空间变化的磁场产生随时间变化的电场的规律。式（2.2）是对恒定电场中一个无限长直导线情况的推广，通过导线的直流电产生以导线为中线的环形磁场。式（2.3）和式（2.4）是关于电位移和磁感应强度的高斯定律。

波运动方程的一般形式为

$$\nabla^2\psi=\frac{1}{v^2}\frac{\partial}{\partial t^2}\psi+\boldsymbol{g}(r,t) \tag{2.5}$$

式中：∇^2 为拉普拉斯算子；ψ 为场；v 为传播速度；$\boldsymbol{g}(r,t)$ 为波源。

在假设均一、各向同性的线性介质条件下，由麦克斯韦方程推导出波方程，对式（2.1）求旋度，则得

$$\nabla\times\left(\nabla\times\boldsymbol{E}(r,t)\right)=-\nabla\times\frac{\partial}{\partial t}\boldsymbol{B}(r,t)=-\frac{\partial}{\partial t}\left(\nabla\times\boldsymbol{B}(r,t)\right) \tag{2.6}$$

将式（2.2）带入式（2.6），得

$$\nabla\times\left(\nabla\times\boldsymbol{E}(r,t)\right)=-\mu_0\mu_{\rm r}\sigma\frac{\partial}{\partial t}\boldsymbol{E}(r,t)-\mu_0\mu_{\rm r}\varepsilon_0\varepsilon_{\rm r}\frac{\partial^2}{\partial t^2}\boldsymbol{E}(r,t) \tag{2.7}$$

因 $\nabla\times(\nabla\times)=\nabla\bullet(\nabla\bullet)-\nabla^2$，结合式（2.5），则有 $\nabla\bullet\left(\nabla\bullet\boldsymbol{E}(r,t)\right)-\nabla(\rho/\varepsilon_0\varepsilon_{\rm r})=0$。如果介质 $\nabla\rho=0$，则有

$$\nabla^2\boldsymbol{E}(r,t)-\mu_0\mu_{\rm r}\sigma\frac{\partial}{\partial t}\boldsymbol{E}(r,t)-\mu_0\mu_{\rm r}\varepsilon_0\varepsilon_{\rm r}\frac{\partial^2}{\partial t^2}\boldsymbol{E}(r,t)=0 \tag{2.8}$$

同样，可以得到磁通密度矢量场

$$\nabla^2\boldsymbol{B}(r,t)-\mu_0\mu_{\rm r}\sigma\frac{\partial}{\partial t}\boldsymbol{B}(r,t)-\mu_0\mu_{\rm r}\varepsilon_0\varepsilon_{\rm r}\frac{\partial^2}{\partial t^2}\boldsymbol{B}(r,t)=0 \tag{2.9}$$

在非导电性介质情况下 $\sigma=0$，则有

$$\nabla^2\boldsymbol{E}(r,t)-\mu_0\mu_{\rm r}\varepsilon_0\varepsilon_{\rm r}\frac{\partial^2}{\partial t^2}\boldsymbol{E}(r,t)=0 \tag{2.10}$$

$$\nabla^2\boldsymbol{B}(r,t)-\mu_0\mu_{\rm r}\varepsilon_0\varepsilon_{\rm r}\frac{\partial^2}{\partial t^2}\boldsymbol{B}(r,t)=0 \tag{2.11}$$

对于雷达遥感应用，一般都假设时谐场。时谐场是指电场和磁场的每一个分量都随时间 t 做正弦变化的电磁场。使用时谐场可以消除麦克斯韦方程的时间依赖，大大简化麦克斯韦方程的求解。在时谐场中，瞬时场矢量随角速度 ω 呈正弦变化：

$$\boldsymbol{X}(r,t)=\Re\left\{X(r)\boldsymbol{e}^{\mathrm{i}\omega t}\right\} \tag{2.12}$$

式中：$\Re$ 为复数的实部；$X(r)$ 为复数振幅。因此，可以将麦克斯韦方程简化为

$$\nabla\times\boldsymbol{E}(r)=-\mathrm{i}\omega\boldsymbol{B}(r) \tag{2.13}$$

$$\nabla\times\boldsymbol{H}(r)=\mathrm{i}\omega\boldsymbol{D}(r)+\boldsymbol{J}(r) \tag{2.14}$$

$$\nabla\bullet\boldsymbol{B}(r)=0 \tag{2.15}$$

$$\nabla\bullet\boldsymbol{D}(r)=\rho(r) \tag{2.16}$$

式中：$\boldsymbol{H}(r)$ 为磁场强度的矢量；$\boldsymbol{D}(r)$ 为磁通量密度矢量；$\boldsymbol{J}(r)$ 为传导电流密度。

当雷达发射的电磁波在真空中传播时（$\rho=0, J=0$），波方程可以表示为

$$\nabla^2\boldsymbol{E}(r,t)+k^2\boldsymbol{E}(r,t)=0 \tag{2.17}$$

式中：$k=\omega\sqrt{\mu\varepsilon}$ 为波数。在面波情况下，采用笛卡儿坐标系，z 为传播方向，E 和 H 都不随 x, y 变化，在垂直于传播方向的平面内震荡，即为横向电磁波（transverse electric and magnetic wave，TEM），则有

$$\boldsymbol{E}(z)=\widehat{E}_0\boldsymbol{e}^{\mathrm{i}kz} \tag{2.18}$$

代入式（2.13）及式（2.14）中，得到 H 场：

$$\boldsymbol{H}(z)=\widehat{H}_0\boldsymbol{e}^{\mathrm{i}kz},\qquad H_0=\frac{1}{\eta}\boldsymbol{e}_z\times\widehat{E}_0 \tag{2.19}$$

式中：$\eta=\sqrt{\mu/\varepsilon}$ 为介质的固有阻抗；$\boldsymbol{e}_z$ 为传播方向 z 的单位矢量；$\widehat{E}_0$ 和 $\widehat{H}_0$ 为复幅度。同样，在任意方向传播的面波方程可以表示为

$$\boldsymbol{E}(z)=\widehat{E}_0\boldsymbol{e}^{\mathrm{i}ke_p r} \tag{2.20}$$

$$\boldsymbol{H}(z)=\widehat{H}_0\boldsymbol{e}^{\mathrm{i}ke_p r},\qquad H_0=\frac{1}{\eta}\boldsymbol{e}_p\times\widehat{E}_0 \tag{2.21}$$

式中：$\boldsymbol{e}_p$ 为平行传播方向的单位矢量。

电磁波系统是由一对随时间变化的完全正交的电场和磁场构成，电场矢量和磁场矢量都垂直于传播方向。在任意时刻 t，空间任一点 r，电场 $\boldsymbol{E}(r,t)$ 的方向和强度用复谐变场的实部表示为

$$\boldsymbol{E}(r,t)=\Re\left(\widehat{E}_0\boldsymbol{e}^{\mathrm{i}(\omega t+kr)}\right) \tag{2.22}$$

2. 电磁波的极化

在真空当中，沿 z 方向传播的平面波，其电场必然位于 x-y 平面内，由 x 方向的分量 E_x 和 y 方向的分量 E_y 组成，如图 2.1 所示。

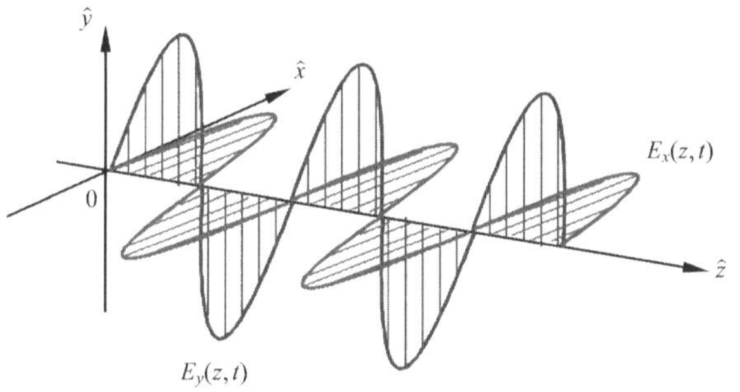

图 2.1　电磁场单色波平面图

$$E(z)=E_x(z)\boldsymbol{e}_x+E_y(z)\boldsymbol{e}_y \tag{2.23}$$

$$E_x(z)=E_x\boldsymbol{e}^{\mathrm{i}kz}=E_{x_0}\boldsymbol{e}^{\mathrm{i}kz}\boldsymbol{e}^{\mathrm{i}\delta_x}\boldsymbol{e}_x \tag{2.24}$$

$$E_y(z)=E_y\boldsymbol{e}^{\mathrm{i}kz}=E_{y_0}\boldsymbol{e}^{\mathrm{i}kz}\boldsymbol{e}^{\mathrm{i}\delta_y}\boldsymbol{e}_y \tag{2.25}$$

式中：$\boldsymbol{e}_x$、$\boldsymbol{e}_y$ 分别为 x, y 方向的单位基矢量；E_{x_0}、E_{y_0} 分别为 x、y 方向的幅度分量；δ_x、δ_y 分别为 x、y 方向的相位。$\boldsymbol{E}_x(z,t)$ 和 $\boldsymbol{E}_y(z,t)$ 的瞬时值可以表示为

$$\boldsymbol{E}_x(z,t)=\Re\left(E_x(z)\boldsymbol{e}^{\mathrm{i}\omega t}\right)=E_{x_0}\cos(\omega t-kz+\delta_x) \tag{2.26}$$

$$\boldsymbol{E}_y(z,t)=\Re\left(E_y(z)\boldsymbol{e}^{\mathrm{i}\omega t}\right)=E_{y_0}\cos(\omega t-kz+\delta_y) \tag{2.27}$$

式中：通常情况下，$E_{x_0}\neq 0$，$E_{y_0}\neq 0$，取 $\delta_0=\delta_y-\delta_x\neq 0$。通过推导，最终得到椭圆方程，且它的形态如图 2.2 所示。

$$\left(\frac{\boldsymbol{E}_x(z,t)}{E_{x_0}}\right)^2+\left(\frac{\boldsymbol{E}_y(z,t)}{E_{y_0}}\right)^2-2\left(\frac{\boldsymbol{E}_x(z,t)\boldsymbol{E}_y(z,t)}{E_{x_0}E_{y_0}}\right)\cos\delta_0=\sin^2\delta_0 \tag{2.28}$$

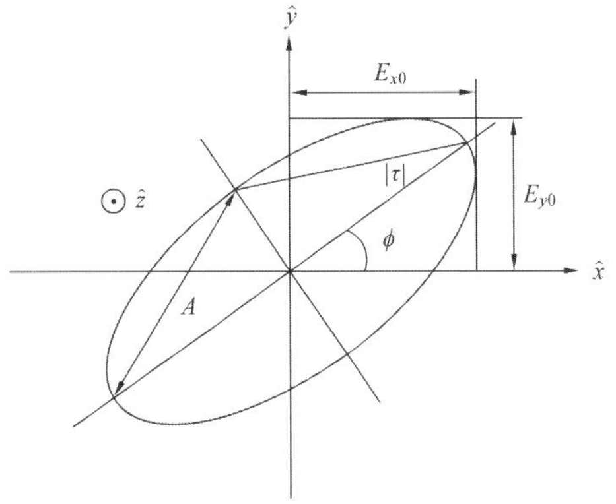

图 2.2　x-y 平面内的极化椭圆

式（2.28）就是一般情况下的极化椭圆方程。从式中可以看出，电场矢量在固定点 r，一个周期内随时间变化形成的轨迹是一个具有旋转方向性的椭圆。如果观察者沿传播方向看，电场强度矢量末端沿顺时针方向运动，称之为右旋极化；反之称为左旋极化。

从式（2.28）中可以看出，当波的两个正交分量的振幅和正交分量之间的相位差是常数时，即为完全极化波，即单色波。雷达发射的电磁波一般可以看成完全极化波。当波的两个正交分量具有相同的平均功率密度而且又彼此不相关时，即为非极化波。介于两者之间时为部分极化波。雷达接收的地物回波一般可以认为是部分极化波。

2.1.2　电磁波与自然表面的相互作用

为了通过 SAR 数据对地物特征进行分析，必须要了解电磁波与地物之间的相互作用过程（Touzi，1992），这一过程与光学遥感的过程不同。电磁辐射与地物的相互作用总是伴随着表面效应和体效应的产生。表面效应取决于表面粗糙度，体效应则受散射体密度、结构和组织的影响，如在植被和雪中（Massonnet et al.，2015，2008）。在这两种情况下，地物的介电特性就非常重要。另外地物所在位置的地形特征对雷达回波也会造成强烈的影响。因此，在建立分析模型时需要描述这些因素并分清楚它们各自的贡献。单一利用数学模型来模拟这一相互作用过程会非常困难，但是可以用半经验的方法来替代精确模型。半经验模型是在基本理论（主要考虑一次表面散射和体穿透辐射变化）的基础上，结合实验观测结果而建立的。

在自然界中几乎所有的表面都可以被看成是满足特定概率密度分布的随机粗糙表面，不同波长的电磁波受到粗糙表面的影响程度是不同的。例如，对于通常的陆地表面，在波长较长时可以视为平滑表面，但是在波长较短时则不能再看作平面。从电磁散射角度看，当入射波照射到平滑表面时，平滑表面会对入射波产生镜面反射作用；当入射波照射到粗糙表面时，粗糙表面会对入射平面波产生各个方向的散射。

粗糙表面的电磁散射是一个与多种参量有关的复杂过程，就陆地表面的散射模型而言，其电磁散射特性不仅与地面的粗糙度有关，还会受到地面含水量等方面的影响（Oh，2004）。因此，如果需要从雷达回波信号中估算出地物的表面特性，就需要对粗糙表面的电磁散射机理和物理本质进行深入的研究（Massonnet et al.，2015，2008）。

1. 表面散射

图 2.3 为粗糙平面电磁散射示意图，电介质表面分开了两个均匀的半无限大介质。下

层的相对介电常数 ε_r 表现了下层介质对波穿透的阻抗特性。对于地面来说，它主要取决于含水量。粗糙度用一个随机函数 $z(x,y)$ 来描述，它反映了地形剖面相对于平均参考平面的局部变化，随机函数 $z(x,y)$ 一般假定为均值为零的高斯变量。

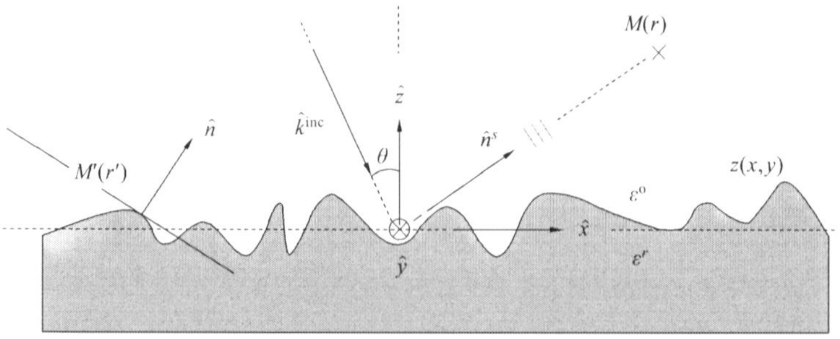

图 2.3　粗糙平面的电磁散射（Massonnet et al.，2008）

在垂直方向上，高度 s 的均方根表示了粗糙平面相对于参考平面的标准偏差。

$$s=\sqrt{\langle z^2(x,y)\rangle} \tag{2.29}$$

式中：$\langle\cdots\rangle$ 为空间意义的平均，即对各粗糙面上的点做平均。在水平面，表面自相关函数给出了一个给定方向上的粗糙度的变化率，例如在 x 方向上有

$$K(\tau)=\frac{\langle z(x+\tau,y)\cdot z(x,y)\rangle}{\langle z^2(x,y)\rangle} \tag{2.30}$$

式中，用变量 y 替代变量 x 可以得到描述 y 方向上的粗糙度变化率公式。相关长度 l 由下式给出

$$K(l)=\frac{1}{e} \tag{2.31}$$

从数学意义上来讲，自相关函数 $K(\tau)$ 是表面粗糙度谱（其傅里叶变换）的空间表示。粗糙表面在某种程度上是随机分布周期表面的叠加。

粗糙度对电磁散射的影响取决于电磁波的波长。在一个相同的表面情况下，在 L 波段（波长为 24 cm）可能表现为光滑面，在 X 波段（波长为 3 cm）就可能表现为粗糙面。利用瑞利准则，可以区分表面是粗糙面还是光滑面。当由表面高度变化产生的后向散射回波的相位变化 $\Delta\phi$ 不超过 $\pi/2$ 时，表面粗糙度的影响可以忽略。如果 h 为最大的高度变化量，且考虑回波路径的双向性，可得表面的光滑性条件为

$$h\leqslant\frac{\lambda}{8\cos\theta} \tag{2.32}$$

显然，几乎所有的自然表面在 C 波段和 X 波段表现为粗糙面，如图 2.4 所示。

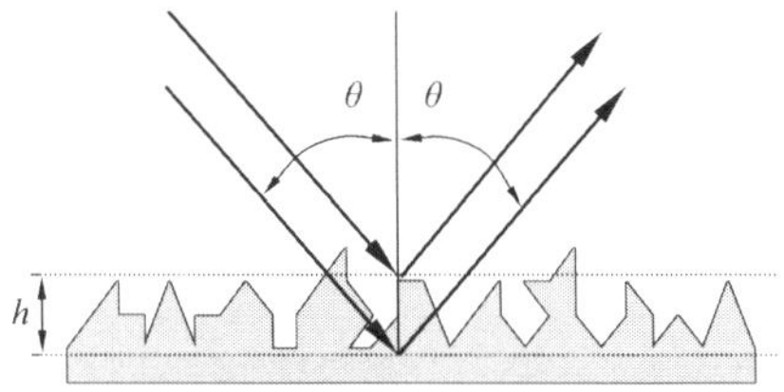

图 2.4　粗糙面的瑞利准则（Massonnet et al.，2008）

当含水量一定时，随着粗糙度的增加，雷达反射回波强度也随之增加。因此在雷达图像

中，亮度较高的区域对应着粗糙面，而较暗的区域对应着光滑面。

当粗糙度一定时，随着含水量的增加，雷达反射回波强度也随之增加。因此在相同粗糙度的情况下，潮湿的土壤比干燥的土壤表现得更亮。

但是从雷达反射强度中很难直接估算含水量，因为粗糙度和含水量对后向散射的影响是耦合效应，导致一个粗糙干燥的表面和一个光滑潮湿的表面具有同样的后向散射特征。利用散射模型法、土壤湿度变化探测法、数据融合法等不同的方法，估算土壤的水分含量（赵少华 等，2010）。

2. 体散射

对于陆地及海洋上复杂的地物目标如植被、楼房、汽车、舰船等而言，在不失重要特征的情况下，绝大多数的目标体都可近似为如球体、椭球体、圆柱体等形状规则的基本几何体或由若干基本几何体组合而成的复合体的散射体（图 2.5）。对于球体散射特性可以通过散射方法精确求得，椭球体的散射特性也可以通过相应的赫兹矢量，或者通过一组类似于解决球体问题时所用到的汉森矢量波函数求得（Massonnet et al.，2015，2008）。

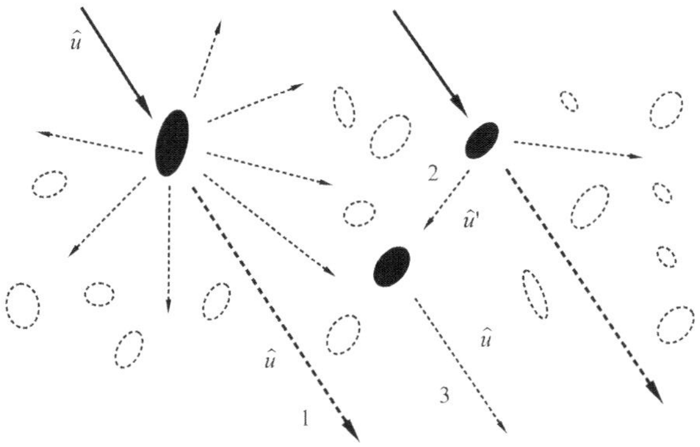

图 2.5　微粒云团的辐射转移原理（Massonnet et al.，2008）

不失一般性，利用辐射传输方程来表示云状散射粒的电磁波相互作用为

$$\frac{\mathrm{d}\tilde{\boldsymbol{S}}(r,\hat{u})}{\mathrm{d}u}=\left[\overline{\overline{k}}_e\right]\cdot\tilde{\boldsymbol{S}}(r,\hat{u})+\int_{4\pi}\left[\overline{\overline{R}}(r,\hat{u},\hat{u}')\right]\cdot\tilde{\boldsymbol{S}}(r,\hat{u}')\cdot\mathrm{d}\Omega' \qquad (2.33)$$

从式（2.33）中可以看出，传播的 Stokes 矢量 $\tilde{\boldsymbol{S}}$ 被 $\overline{\overline{k}}_e$（介质消失矩阵）衰减（路径 1），同时被在传播方向上的每一个粒子的散射所形成的间接辐射加强（路径 2+3）。在点 r 处，相位矩阵 $\overline{\overline{R}}(r,\hat{u},\hat{u}')$ 控制着从 $\hat{u}'$ 到 $\hat{u}$ 的能量波束偏转。对 $\tilde{\boldsymbol{S}}$ 矩阵衰减和加强的综合导致后向散射特征很难预测，其取决于密度、尺寸、形状、散射体排列、介电特征和表面作用机理等。同时，辐射的转移并不是不同类型贡献的相干求和。

2.1.3　电磁波的穿透性

在电磁波与地面相互作用过程中，除电磁波的反射、散射以外，部分电磁波能够渗透入地物内部，产生透射。McCauley 等（1982）研究 SIR-A 在撒哈拉沙漠应用时，讨论了电磁波的穿透性问题。这里为理解电磁波的穿透性，假设电磁波在介电常数为 ε_r 的各向同性介质中沿着 z 方向进行传播，其电场为

$$\boldsymbol{E}(z,t)=\Re\{E_0\exp[j(\omega t-kz)]\} \tag{2.34}$$

通常情况下介电常数 ε_r 是一个复数，它的虚部表示了在传播过程中波的衰减。令波数 $k=\alpha-j\beta$，可以得到

$$\boldsymbol{E}(z,t)=\exp(-\beta z)\Re\{E_0\exp[j(\omega t-\alpha z)]\} \tag{2.35}$$

根据定义，穿透深度是指电磁波当波到达深度 δp 时，$\boldsymbol{E}(z,t)$ 的幅度衰减将大于 $1/\sqrt{e}$。从式（2.35）可得

$$\delta p=\frac{1}{2}\beta=-\frac{1}{2k_0\Im m(\sqrt{\varepsilon_r})} \tag{2.36}$$

在除水以外的大多数自然介质中，$|\Im m(\varepsilon_r)|<0.3\Re e(\varepsilon_r)$，因此，穿透深度 δp 可以近似地表达为

$$\delta p\approx-\frac{\lambda\sqrt{\Re e(\varepsilon_r)}}{2\pi\Im m(\sqrt{\varepsilon_r})} \tag{2.37}$$

因此，穿透深度随波长的增加而增加，电磁波的波长越长其穿透深度越深。无损耗 $|\Im m(\varepsilon_r)|=0$ 为导致无限大的穿透深度。$|\Im m(\varepsilon_r)|=\infty$ 会阻止电磁波的穿透，比如金属表面或含盐量很高的水面。对于给定的波长，穿透深度随着含水量的增加而减少。X 波段几乎不能穿透含水量大于 15%的土壤，而 L 波段对于含水量 40%的地面仍然能够穿透几厘米，C 波段对正常含水的地表穿透深度约为 5 cm（Williams et al.，2001）。在森林覆盖区，L 波段对植被的穿透深度可以达到 20 m，C 波段为 6 m 而 X 波段仅为 1 m（Massonnet et al.，2015，2008）。

2.2　合成孔径雷达基础

2.2.1　SAR 探测与成像机理

雷达获取地面信息的方式与光学的原理完全不同。雷达成像包括真实孔径雷达（real-aperture radar）和合成孔径雷达。这里简单介绍雷达成像的机理。

1. 真实孔径雷达

真实孔径雷达，顾名思义即雷达所使用的天线尺寸是实际长度。如图 2.6 所示，雷达通过天线向与飞行方向垂直的侧面发射一个微波波束，在地面形成一个带状测绘区，测绘区在方位向上很窄，在距离向上很宽，然后天线接收测绘带内的地物后向散射信号，经相关处理后，这些回波形成一条带状图像，随着平台的移动，雷达不停收发信号，从而形成

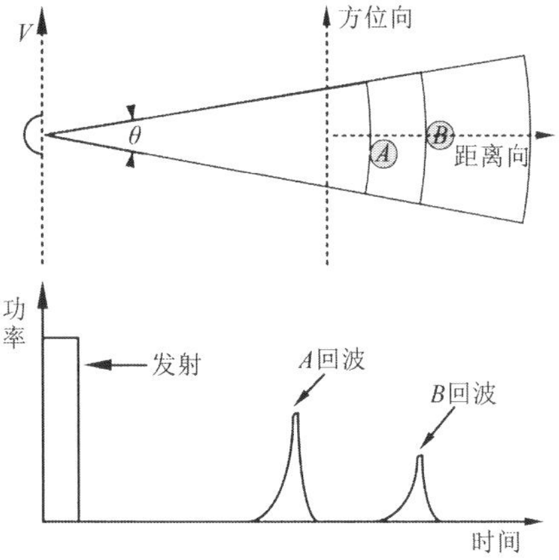

图 2.6　雷达工作原理

一幅幅连续的雷达图像。由于雷达系统是按照时间序列记录回波的，如果像光学成像那样采用正视模式，会出现回波同时到达接收天线的情况，造成图像自身折叠，所以成像雷达通常采用侧视模式。

真实孔径雷达的分辨率分为方位向分辨率和距离向分辨率，方位向分辨率等于雷达波束宽度所对应的弧长：

$$\rho_a = \beta R \tag{2.38}$$

雷达发射的脉冲以球状波形式向周围空间扩散，为了使发射能量具有方向性，可以通过天线减少雷达的波束宽度 β，使大部分能量集中在一个方向上，波束宽度与波长成正比与天线孔径成反比，所以方位向分辨率又可表示为

$$\rho_a = \frac{\lambda}{D} R \tag{2.39}$$

式中：λ 为波长；D 为天线孔径；R 为斜距。

距离向分辨率为地面上雷达可以分辨的两个目标的最短距离：

$$\rho_r = \frac{c\tau}{2\sin\theta} \tag{2.40}$$

式中：c 为光速；τ 为脉冲宽度。

如图 2.7 所示，为了提高雷达的距离向分辨率，可以采用压缩脉冲技术或减小脉冲宽度 τ。根据式(2.39)，如果发射脉冲采用 X 波段（λ=3 cm），D=1 m，R=50 000 m，ρ_a=1 500 m，如果想要提升 ρ_a 至 10 m，就需要 150 m 的天线孔径，对于卫星平台来说，这显然很难实现。所以，现在的星载成像雷达都采用合成孔径技术来提高方位向分辨率。

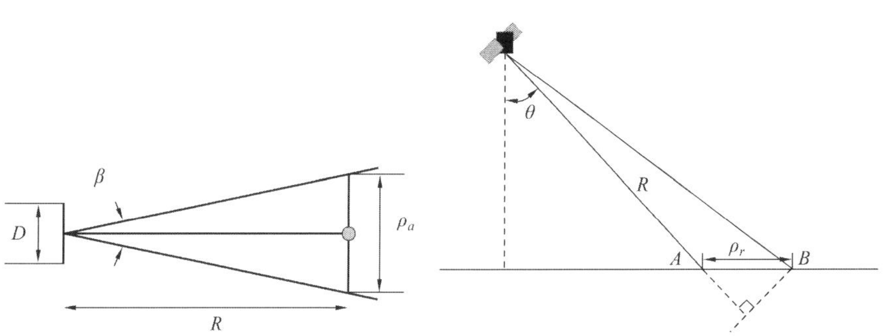

（a）方位向　　（b）距离向

图 2.7　真实孔径雷达分辨率

2. SAR 工作原理

对于 SAR，合成孔径技术指的是利用雷达与目标之间的相对运动，通过数学模型，把

一个真实的小孔径天线合成一个等效虚拟长天线的过程。雷达随载体向前运行时，以固定的重复频率向照射区域发射电磁波，通常发射的是数字脉冲信号。首先，当小孔径天线发出第一个脉冲并接收从目标散射回来的第一个回波脉冲，把它存储起来后，沿直线移动一段距离到第二个位置；然后，小孔径天线在第二个位置继续再发射一个脉冲（这个脉冲与第一个脉冲之间存在由延时引入的相位差），并把第二个散射回波也存储起来，再沿直线移动一段距离到第三个位置，发射脉冲信号再接收回波。这就是 SAR 成像采用的走–停–走（go-stop-go）的模式。通过系统处理，补偿回波信号因为时间和距离引起的相位差，产生同大尺寸天线一样的观测效果，进而提高雷达的方位分辨率（图 2.8）。

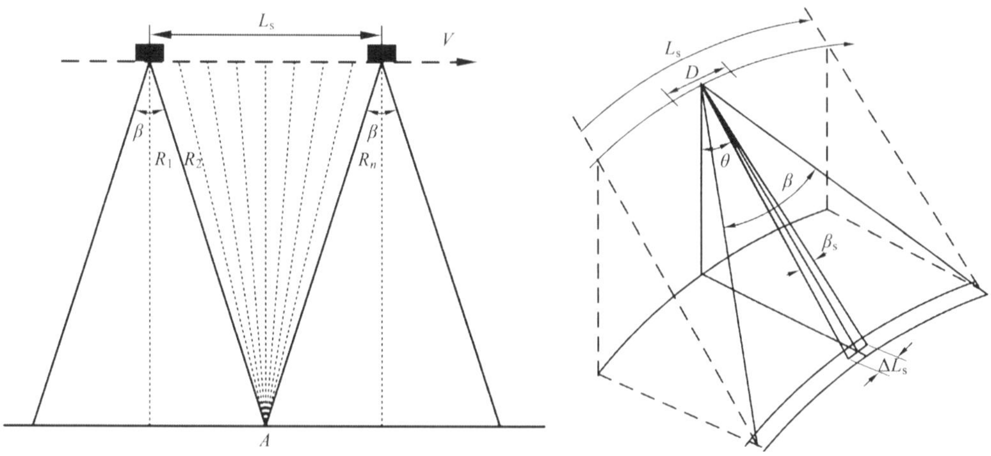

（a）走–停–走工作模式　（b）SAR 分辨率合成原理

图 2.8　SAR 工作原理

图 2.8 中：A 为探测目标；R 为斜距；θ 为视角；D 为真实孔径长度；L_s 为合成孔径长度；β 为波束宽度；β_s 为合成孔径波束宽度；ΔL_s 为合成孔径方位向分辨率。合成孔径长度等于真实孔径天线波束在方位向上的分辨率：

$$L_s = \beta R = \frac{\lambda R}{D} \tag{2.41}$$

合成孔径波束宽度为

$$\beta_s = \frac{\lambda}{2L_s} = \frac{\lambda}{2}\frac{D}{\lambda R} = \frac{D}{2R} \tag{2.42}$$

则合成孔径方位向分辨率为斜距所对应合成孔径波束的弧长：

$$\Delta L_s = R\beta_s = R\frac{D}{2R} = \frac{D}{2} \tag{2.43}$$

从式（2.43）可知，合成孔径雷达的方位向分辨率最高可达到真实孔径的一半，与波长和距离无关。突破了天线尺寸的限制，相比真实孔径雷达，分辨率提升明显，例如要实现 10 m 的方位向分辨率（X 波段，即 λ=3 cm，D=1 m，R=50 000 m），真实孔径雷达需要 150 m 的天线尺寸，而合成孔径雷达只需要 5 m。合成孔径雷达在距离向采用和真实孔径雷达一样的脉冲压缩技术，二者的距离向分辨率相同。

3. SAR 图像特征

1）相干斑

由于分辨率的限制，SAR 图像的一个像元不仅仅对应一个散射体，而是包含众多微小散射体，天线接收的回波是这些小散射体的集合，合成孔径雷达发射的电磁波是相干的，导致这些回波发生干涉，回波能量得到加强或者减弱，反映到图像上就是明暗不一、随机分布的斑点（图 2.9）。

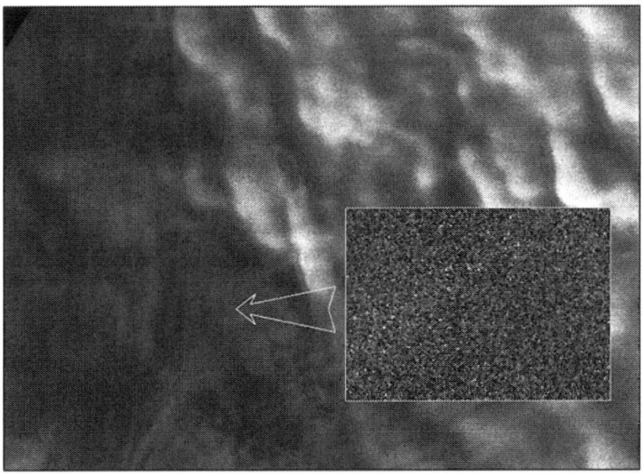

图 2.9　SAR 图像中的相干斑

SAR 图像上的相干斑大大降低了图像的质量，严重影响了图像的可解译性（皇甫悦等，2008；邓启明 等，2008）。可以采用多视处理和滤波来抑制相干斑的影响。多视处理是在频域上将原始数据分为 N 段，可在方位向频域上分割，也可在距离向频域上分割，或者二者同时分割。分割后每段数据经过处理后单独成像，再把这 N 个图像非相干叠加平均，就可以抑制相干斑的影响，N 称为视数，叠加后的图像称为 N 视图像。需要注意的是，进行干涉处理的数据必须是单视的，也就是说多视处理只能在干涉处理之后进行。滤波是在图像域通过不同形式的滤波器进行平滑处理。

2）距离压缩

如图 2.10 所示，A、B、C 是地面三个等长的目标，A_s、B_s、C_s 是三个目标在雷达图像上的长度。由于 SAR 是侧视成像，图像会在距离向上呈现距离压缩的几何失真。其规律为：由于距离向上目标的入射角处处不等，雷达在距离向上的分辨率处处不等，即 $A_s \neq B_s \neq C_s$；远离星下点的目标距离向压缩较轻，靠近星下点的目标距离向压缩严重，即 $A_s < B_s < C_s$。

3）透视收缩、叠掩和阴影

透视收缩又称“前缩”，图像上表现为面对雷达一侧的山坡长度在影像上按比例尺换算后比实际长度短，原因是雷达波束到达山坡顶部与到达山坡底部的斜距差比山坡所对应的地面距离小，实质上这也是距离压缩现象。当山坡非常陡时，雷达波束先到达山坡顶

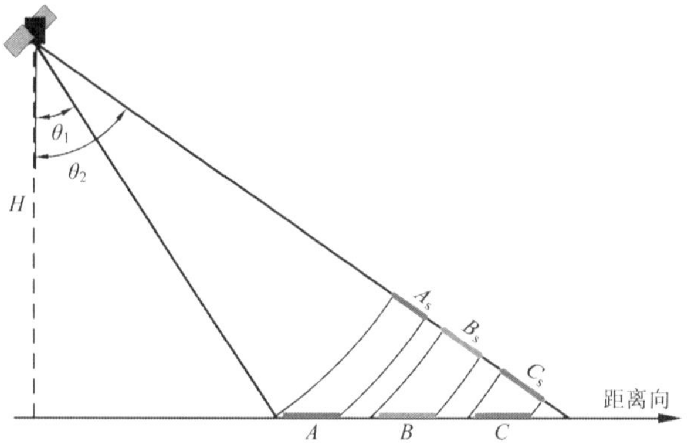

图 2.10　SAR 成像的距离压缩

部，后到达山坡底部，山顶的回波更早被天线接收。造成图像上山坡顶部叠置在山坡底部，这种现象称为叠掩。当雷达波束受到前坡阻挡，无法照射到后坡时，后坡部分就没有回波信号。在图像上形成无信息阴影区域，这种现象称为阴影。以上三种几何失真发生机理如图 2.11 所示。

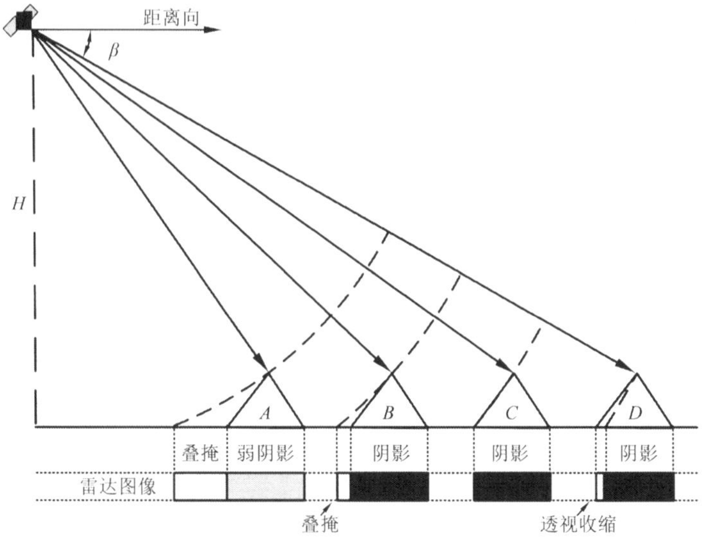

图 2.11　SAR 图像的三种几何失真

4）色调

目标地物在雷达图像上的色调取决于自身的回波强度，回波越强，色调越亮，反之越暗。地物自身特性是影响其回波强度的主要因素。

（1）表面粗糙度。

相对于雷达波长，地物目标的表面按照粗糙度可分为光滑表面、中等粗糙表面、粗糙表面。当入射波到达光滑表面时，发生镜面反射，回波强度很弱，地物在图像上呈暗色调；当入射波到达中等粗糙表面时，发生漫反射，回波强度较强，图像上色调较亮；当入射波到达粗糙表面时，发生后向发射，回波强度最强，图像上色调最亮。

（2）介电常数。

介电常数通常定义为物体电容与真空电容之比，用来描述物体的电性质，如电容、传导率、反射率等。介电常数越大，反射越强，目标在图像上色调越亮，反之越暗。金属物体具有很高的介电常数，物体的含水量越大，介电常数越大。

（3）特殊目标。

金属塔架、飞机、船舶、居民地等在侧视雷达图像上呈现为很强的亮点或亮区。对于线状物，与雷达波束方向垂直的街道、沟渠、河堤、铁路、桥梁在雷达图像上表现为亮线。建筑群中，墙与地面、墙与墙之间也构成角反射器，使雷达波返回的可能性大大增加。裸露的岩石也会以很强的信号出现在雷达影像上。

（4）纹理特征。

纹理是雷达图像上呈斑点状或斑状结构的一组回波。回波较强的丘陵、山地呈浅灰色斑状。植被在雷达图像上通常表现出中等回波，草地呈暗灰色，森林为灰色斑点状，草地呈灰色，沼泽和水田呈黑色。平静的水面呈暗色，当水面有波浪时，暗影区会出现一些亮点，而河流则呈弯曲的黑色带状，在雷达影像上是非常容易被识别的特征（图 2.12）。当然这里只是列举了一小部分特征。根据纹理特征则可以进行分类、各类目标的监测等。

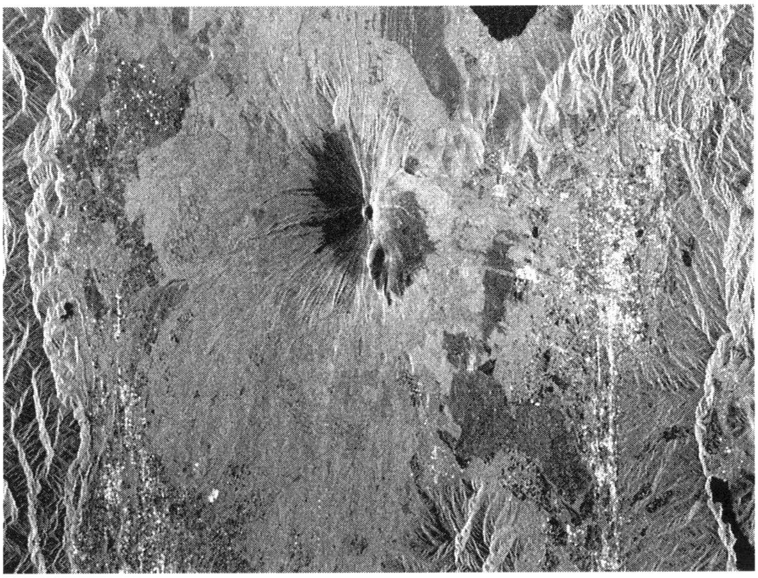

图 2.12　日本富士山 JERS-1 雷达影像图

2.2.2　合成孔径雷达干涉测量机理

合成孔径雷达干涉测量及相关技术是近十年发展起来的一项新的空间对地观测技术。它综合了成像原理和干涉测量技术，利用传感器的系统参数、姿态参数和轨道之间的几何关系等精确测量地表某一点的三维空间位置及微小变化。它包括了 InSAR （interferometric synthetic aperture radar，合成孔径雷达干涉测量）、DInSAR（differential InSAR，合成孔径雷达差分干涉测量）以及 PSInSAR（persistent scatterer interferometric synthetic aperture radar，永久散射体合成孔径雷达干涉测量）技术（王超 等，2002）。

1. InSAR 技术

InSAR 技术主要是用来获取地表高程信息。它的基本原理是利用具有干涉成像能力的两部 SAR 天线（或一部天线重复观测）来获取同一地区具有一定视角差的两幅具有相干性的单视复数图像，并由其干涉相位信息获取地表高程信息，从而重建地表的 DEM（Wivell et al.，2002；Zebker et al.，1994）。

InSAR 有三种模式：交轨干涉测量模式、顺轨干涉测量模式和重复轨道干涉测量模式。其中重复轨道干涉测量模式是常用的一种方式，此模式只安装一副天线，利用两次具有一定时间间隔的重复轨道来实现干涉测量，理论上如果两次轨道完全重合，重复轨道干涉测量模式等效于顺轨干涉测量模式。但是实际情况下，两次轨道是无法完全重合的，干涉相位既带有地形信息又包含视线向地表形变信息，两次观测的时间间隔称为时间基线，缩短时间基线，可以得到相干性更高的图像，如 ERS1/2 编队飞行。两次天线的空间连线称为空间基线。重复轨道干涉测量模式既可以用来测量大面积区域的高程，去除地形信息后又可以得到地表形变信息。测量地表形变又称为合成孔径雷达差分干涉测量。

图 2.13 中：A_1 和 A_2 为重复轨道观测的天线位置；H 为天线到地面的距离；h 为目标 T 的高程；B 为空间基线；$B_{//}$为 B 在 R_1 平行方向上的分量，称为平行基线；$B_{\perp}$为 B 在与 R_1 垂直方向上的分量，称为垂直基线；R_1 和 R_2 分别为 A_1 和 A_2 到 T 的斜距；α 为基线与水平向的夹角；θ 为天线在 A_1 处的视角。天线在 A_1 和 A_2 处接收到 T 的雷达影像为

$$\begin{cases} s_1(R_1)=\mu_1(R_1)\mathrm{e}^{j\varphi_1} \\ s_2(R_2)=\mu_2(R_2)\mathrm{e}^{j\varphi_2} \end{cases} \tag{2.44}$$

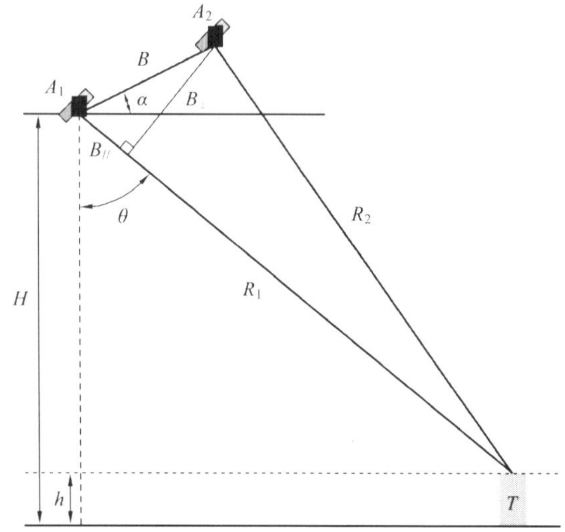

图 2.13　InSAR 测量原理

将两个回波信号共轭相乘得到干涉图：

$$s_{\text{int}}=s_1(R_1)s_2(R_2)=\left|\mu_1(R_1)\mu_2(R_2)\right|\mathrm{e}^{j(\varphi_1-\varphi_2)} \tag{2.45}$$

干涉相位：

$$\Delta\varphi=\varphi_1-\varphi_2=-\frac{4\pi}{\lambda}(R_1-R_2) \tag{2.46}$$

实际处理中，干涉图 sin$t$ 中每个像元信息都是用复数 $a+b\mathrm{i}$ 的形式存储。

干涉相位 $\Delta\varphi$ 可以通过三角函数计算，即

$$\Delta\varphi=\tan^{-1}\left[\frac{\mathrm{Im}(s_{\text{int}})}{\mathrm{Re}(s_{\text{int}})}\right] \tag{2.47}$$

实际计算出来的干涉相位只是 $-\pi$ 到 π 之间的相位主值，真实的干涉相位还应包含整数个 2π，这种情况称为相位缠绕，求解出真实相位所包含 2π 的个数称为相位解缠。

如图 2.13 所示，根据天线位置和目标 T 构成的几何关系可知

$$R_1^2+B^2-2BR_1\cos\left(\frac{\pi}{2}-\theta+\alpha\right)=R_2^2 \tag{2.48}$$

假设斜距差 R_1-R_2 为 ΔR，则

$$\begin{cases}R_1^2+B^2-2BR_1\sin(\theta-\alpha)=(R_1-\Delta R)^2\\ R_1^2+B^2-2BR_1\sin(\theta-\alpha)=R_1^2-2R_1\Delta R+\Delta R^2\end{cases} \tag{2.49}$$

可得

$$R_1=\frac{B^2-\Delta R^2}{2B\sin(\theta-\alpha)-2\Delta R} \tag{2.50}$$

又因为

$$\begin{cases}\Delta\varphi=-\dfrac{4\pi}{\lambda}(R_1-R_2)=-\dfrac{4\pi}{\lambda}\Delta R\\ \Delta R=-\dfrac{\lambda}{4\pi}\Delta\varphi\end{cases} \tag{2.51}$$

T 的高程 h 为

$$\begin{cases}h=H-R_1\cos\theta=H-\dfrac{\left(\dfrac{\lambda}{4\pi}\Delta\varphi\right)^2-B^2}{2B\sin(\theta-\alpha)-\dfrac{\lambda}{2\pi}\Delta\varphi}\cos\theta\\ \cos\left(\dfrac{\pi}{2}-\theta+\alpha\right)=\dfrac{B_{//}}{B}\end{cases} \tag{2.52}$$

通常情况下将 $B_{//}$ 近似等于 ΔR，则

$$\theta=\sin^{-1}\left(\frac{\Delta R}{B}\right)+\alpha=\sin^{-1}\left(\frac{\lambda\Delta\varphi}{4\pi \mathrm{B}}\right)+\alpha \tag{2.53}$$

式（2.52）中的 H、B、α、λ、$\Delta\varphi$ 可以通过卫星轨道信息、系统参数和干涉图获得，θ 通过式（2.53）求得，这样就完成了干涉相位到高程值的转换，利用 InSAR 得到的 DEM 如图 2.14 所示。

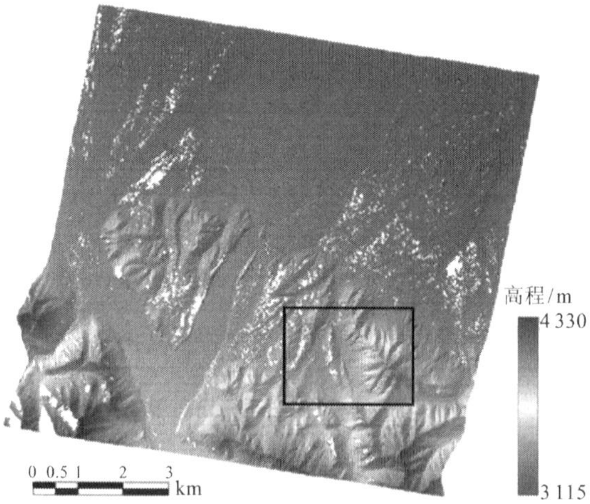

图 2.14　利用 InSAR 技术获得的 DEM

实际情况下，两幅图像的干涉相位是由多个影响因子贡献的

$$\Delta\varphi=\Delta\varphi_{no}+\Delta\varphi_{at}+\Delta\varphi_{to}+\Delta\varphi_{de} \tag{2.54}$$

式中：$\Delta\varphi_{no}$ 为雷达系统噪声贡献的相位值；$\Delta\varphi_{at}$ 为大气作用贡献的相位值；$\Delta\varphi_{to}$ 为地形贡献的相位值，InSAR 测高就是利用这个相位值；$\Delta\varphi_{de}$ 为地表形变贡献的相位值，下文介绍的 InSAR 测量地表形变就是利用这个相位值。

2. DInSAR 技术

倘若成像期间地表发生了形变，两幅雷达图像共轭相乘后得到的干涉相位不仅包含地形相位，还包含了形变相位。为了获取形变信息，在 InSAR 的基础上发展出了一项新的地表形变探测技术——差分干涉测量。这种技术于 1989 年由 Gabriel 等首次提出，通过对同一区域的多次成像，得到形变前和形变后的干涉图，相位相减去除地形相位，就可以得到形变相位（Goldstein et al.，1998）。DInSAR 具有探测大范围区域内厘米级别形变信息的能力，有着巨大的应用价值。按照测量方法可分为二轨法、三轨法和四轨法。下面以三轨法为例介绍 DInSAR 原理，如图 2.15 所示。

图 2.15 中：A_1、A_2 为地表发生形变前的天线位置；A_3 为形变后天线的位置；B_1、B_2 分别为 A_1、A_2 和 A_1、A_3 的空间基线；H 为 A_1 的高程；h 为目标 T 的高程；Δd 为 A_1 视线向位移量；R_1、R_2、R_3 分别为 A_1、A_2、A_3 到 T 的斜距；θ 为 A_1 的视角；α_1、α_2 分别为 B_1、B_2 与水平方向的夹角；$B_{//}$、$B_{\perp}$ 分别为平行基线和垂直基线。

地表未发生形变时，雷达在 A_1 和 A_2 处获得的干涉相位为

$$\Delta\varphi_{12}=\varphi_1-\varphi_2=-\frac{4\pi}{\lambda}(R_1-R_2) \tag{2.55}$$

斜距差可近似等于

$$R_1-R_2\approx B_1\cos\left(\frac{\pi}{2}-\theta+\alpha_1\right)=B_1\sin(\theta-\alpha_1)=B_{1//} \tag{2.56}$$

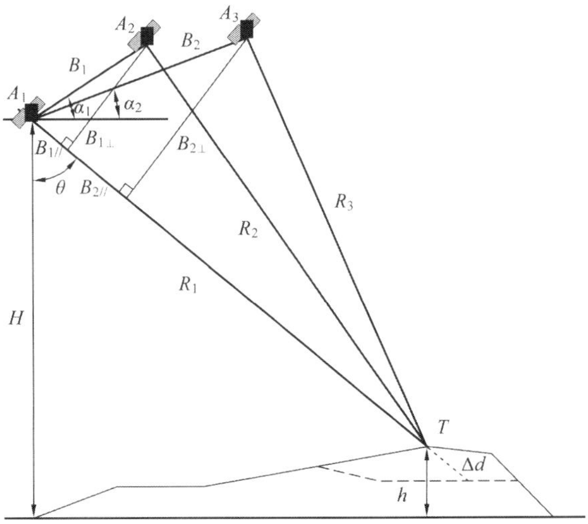

图 2.15　三轨法 DInSAR 原理

因此

$$\Delta\varphi_{12} = -\frac{4\pi}{\lambda}B_{1//} \tag{2.57}$$

同理，地表未发生形变时雷达在 A_1 和 A_3 处获得的干涉相位为

$$\Delta\varphi_{13} = -\frac{4\pi}{\lambda}B_{2//} \tag{2.58}$$

由式（2.56）、式（2.57）可知，干涉相位的大小只取决于平行基线的长短，与地形无关。$\Delta\varphi_{13}$ 可表示为

$$\Delta\varphi_{13} = \frac{B_{2//}}{B_{1//}}\Delta\varphi_{12} \tag{2.59}$$

假设在获取第三幅图像时，地表已经发生了形变，视线向位移量为Δd，则雷达获得的干涉相位为

$$\varphi' = -\frac{4\pi}{\lambda}(R_1 + \Delta d - R_3) \approx -\frac{4\pi}{\lambda}(B_{2//} + \Delta d) = \Delta\varphi_{13} - \frac{4\pi}{\lambda}\Delta d = \frac{B_{2//}}{B_{1//}}\Delta\varphi_{12} - \frac{4\pi}{\lambda}\Delta d \tag{2.60}$$

$\Delta\varphi_{12}$ 可由前两幅图像求出，进而得到 $\Delta\varphi_{13}$。减去 $\Delta\varphi_{13}$ 求出形变相位 $\Delta\varphi_d$

$$\begin{cases} \Delta\varphi_d = -\dfrac{4\pi}{\lambda}\Delta d \\ \Delta d = -\Delta\varphi_d \dfrac{\lambda}{4\pi} \end{cases} \tag{2.61}$$

特别的，当 $\Delta\varphi_d = 2\pi$ 时，

$$\Delta d = -\frac{\lambda}{2} \tag{2.62}$$

即差分干涉图条纹变化一个周期，代表长度为波长的一半的地表视线向形变量。

上文介绍的是 DInSAR 的三轨法，为了拓宽可用条件，又发展了二轨法和四轨法。

（1）二轨法，此方法的基本原理和三轨法类似，最大不同是只需要形变前后两幅雷达图像，利用外部 DEM 数据模拟形变前辅图像，与主图像干涉后获得地形相位，从而实现差分。二轨法的关键步骤是外部 DEM 与主图像的配准,适用于可用雷达图像较少的地区。

（2）四轨法，此方法的基本思想与二轨法类似，都是利用 DEM 来消除地形相位。四轨法使用两个独立的干涉图像对，形变前的像对生成 DEM，用于去除另一对干涉相位的地形相位。这种方法只需要两对干涉像对存在重叠区即可，不要求像对之间满足其他约束条件。

图 2.16 为利用 DInSAR 技术得到的 2018 年 11 月美国阿拉斯加州里氏 7.2 级地震形变干涉示意图。

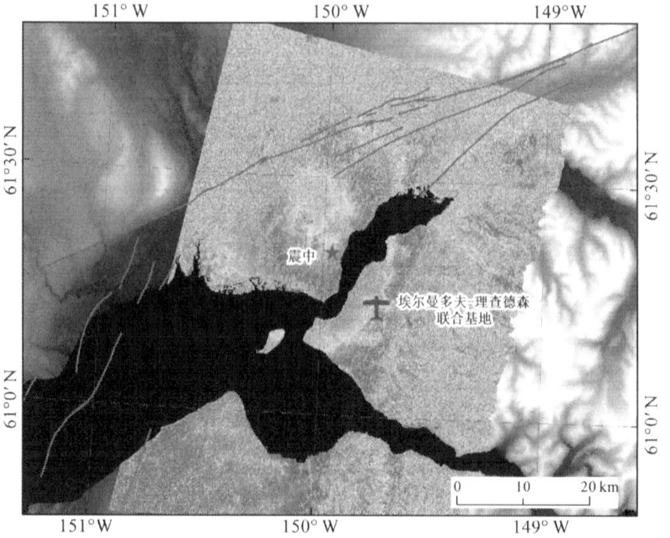

图 2.16　利用 DInSAR 技术得到的美国阿拉斯加州里氏 7.2 级地震形变干涉示意图

3. PSInSAR 技术

DInSAR 虽然探测地表形变能力强，但是对影像质量要求苛刻，大气环境、时间跨度、空间基线长度等需要控制在一定的范围内，如果超出这个范围就会发生失相干现象，无法得到有效测量结果。为了解决这一问题，2000 年 Ferretti 等人提出了 PSInSAR 技术，该技术利用了图像中高亮度的散射体，这些散射体在成像条件不好的情况下依然能保持较好的相干性，称为永久散射体（permanent scatterers，PS）点，如人工建筑、岩石露头、道路、桥梁等，也可以人工布设 PS 点，如角反射器、石堆等。根据这些 PS 点，利用多幅长时序的雷达影像生成干涉图，对这些干涉图进行分析建模，通过对这些点进行时间序列分析，消除大气的影响，便能准确测量到点的形变量，从而监测到地面的运动，并精确地反映出所监测区域的相对位移。PSInSAR 增加了可以用的数据源，提高了长时序监测地表形变的精度，使差分干涉测量在实际应用上取得了长足进步。

PSInSAR 技术本质上还是属于差分干涉测量，时间序列上的影像以某一个公共主影像形成一个时间序列干涉相位。这个过程和传统的差分干涉处理类似，每一个干涉对都需要进行配准和重采样，形成干涉相位利用轨道和外部的去除平地效应和地形效应，形成时间序列的干涉相位。从相位成分上看，该相位是残余的地形相位、变形引起的相位、大气延迟引起的相位，以及处理过程引起的相位的缠绕值，将点的变形相位从缠绕的相位中分离出来是后续处理的关键。其数据处理流程见图 2.17。

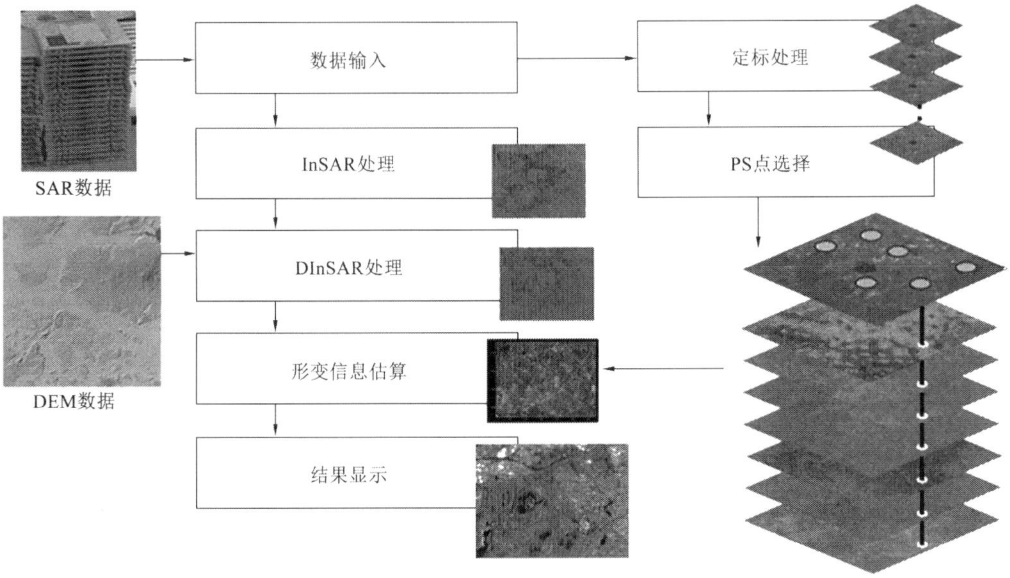

图 2.17　PSInSAR 数据处理流程图（Adam et al.，2005）

设研究区有 n 幅不同时相的影像，选取其中一幅为公共主影像，其余幅为从影像分别与主影像进行配准，得到 $n-1$ 个干涉对，借助已有的数字高程模型，进行差分干涉处理，就可得到 $n-1$ 幅差分干涉图，从而得到各像素的时间序列差分干涉相位。采用一定的算法探测出永久散射体点，获得其差分干涉相位后，再采用合理的算法求解高程误差和地表形变。主要处理步骤如下（胡波，2008）。

（1）选取 $n+1$ 幅影像，以其中一幅作主影像，其余作从影像，分别与主影像配准并进行干涉处理，获得 n 幅干涉图。

（2）利用外部 DEM 数据，对 n 幅干涉图进行差分干涉处理，得到 n 幅差分干涉图。

（3）对 $n+1$ 幅影像进行辐射定标处理，并将定标后的 $n+1$ 幅影像配准。

（4）从定标和配准后的 $n+1$ 幅影像中探测出所有可作为永久散射体的 PS 点。

（5）根据探测出的 PS 点和 m 幅差分干涉图，得到差分干涉相位集。

（6）根据地面形变情况，建立合理的差分干涉相位函数模型。

（7）根据差分干涉相位函数模型和 PS 点的差分干涉相位集，采用相应的算法进行处理，得到各 PS 点的形变量、DEM 误差和大气相位。

（8）各 PS 点的形变量、DEM 误差和大气相位后续处理。例如采用合适的插值法，得到整个面上的形变量。

利用 PSInSAR 技术，可以有针对性地监测大范围区域的形变信息，也可以针对某一个目标进行监测。图 2.18 为利用 PSInSAR 技术获得的伊拉克摩苏尔大坝形变场。

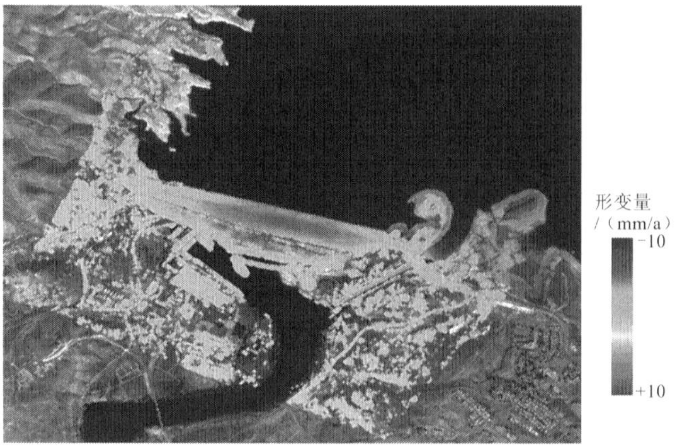

图 2.18　利用 PSInSAR 技术获得的伊拉克摩苏尔大坝形变场
来源：ENVI-IDL 技术殿堂的博客

后期由于 PSInSAR 技术算法已经申请专利，其他学者在其基本理论的基础上，提出了小基线集（small baseline subset，SBAS）等类似的算法，这些算法均能够获得毫米每年的地表变形信息，且成功地运用于地震前/后的形变、断裂带形变、滑坡形变和地面沉降的监测中。

2.2.3　极化 SAR 技术机理

在 20 世纪，SAR 很少采用多极化模式。多数卫星系统采用的是单一的极化模式。例如 ERS-1 卫星和 ERS-2 卫星（垂直极化）或者 RADARSAT-1 卫星和 JERS-1 卫星（水平极化）。受益于极化雷达理论研究和机载实验进步，随后的雷达卫星均包含了多极化模式，如 ENVISAT-1、RADARSAT-2、TerraSAR-X 及 ALOS-1/2 等，都采用了多极化模式。

极化 SAR 方面的研究最早始于 20 世纪 50 年代，其理论形成则得益于 Stokes 和 Poincare 的研究，两人为电磁波形式的统一奠定了基础。Sinclair（1950）定义了散射矩阵，描述了目标对电磁波的极化响应能力。随后越来越多的科学家加强了对极化 SAR 的基础理论研究，并在地表分类、森林参数、土壤湿度、表面粗糙度、PolInSAR（polarimetric synthetic aperture radar interferometry，极化干涉测量）、军事目标识别（陈曦 等，2019）等领域取得大量的进展。

1. 极化 SAR 基本原理

极化 SAR 的基本原理基于同时发射的两个相互垂直的线性极化波。接收端接收两个具有相同参考相位的、极化特征的相互正交的线性电磁波，如图 2.19 所示。

假设在一个给定的瞬间 t，雷达沿 k^{inc} 方向发射一个脉冲，该脉冲的极化方向 $\widehat{E_0^{\text{inc1}}}$ 沿 $\hat{x}$ 方向。目标的后向散射沿 $k^{\hat{s}}$ 方向，电场 E_0^{s1} 的方向未知。该散射场的两个分量，即 $\hat{z}E_0^{\text{s1}}$ 和 $\hat{t}E_0^{\text{s1}}$，将在沿 $\hat{z}$ 和 $\hat{t}$ 两个极化方向上被接收采集。随后，沿 $\hat{y}$ 轴方向的 Jones 向量 $\widehat{E_0^{\text{inc2}}}$ 被发射，同理即 $\hat{z}E_0^{\text{s2}}$ 和 $\hat{t}E_0^{\text{s2}}$ 分量被接收。

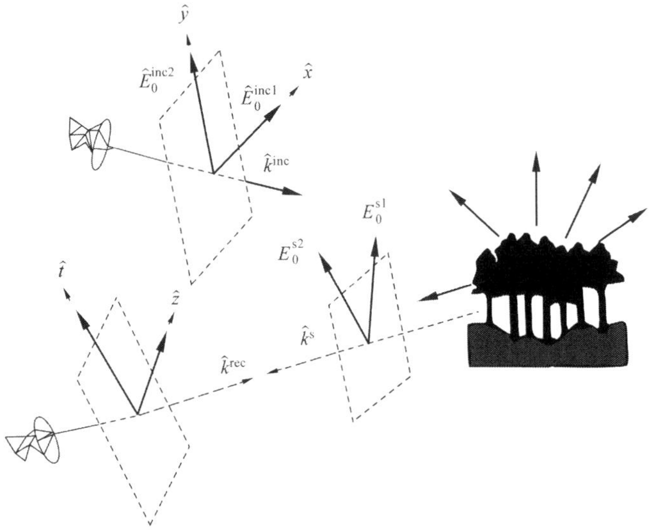

图 2.19　雷达极化原理（Massonnet et al.，2015，2008）

极化 SAR 测量的主要限制来自于发送锁相的正交极化电磁波。它要求交错发射脉冲，发射完每个脉冲后改变脉冲的极化特性。接收的每个回波都需要记录来自两个极化接收器的信号。因此，在极化 SAR 数据中，每一个像素的信息都以如下的矩阵形式存储：

$$\left[\bar{\bar{S}}\right]=\begin{bmatrix} S_{xz} & S_{yz} \\ S_{xt} & S_{yt} \end{bmatrix}=\begin{bmatrix} \hat{z}E_0^{s1} & \hat{z}E_0^{s2} \\ \hat{t}E_0^{s1} & \hat{t}E_0^{s2} \end{bmatrix} \tag{2.63}$$

式中：$\left[\bar{\bar{S}}\right]$为目标散射矩阵。复数矩阵中的 S_{ij} 中的 i 和 j 两种发射模式（x 或 y）和两种接收模式（z 或 t）。在横向平面 $(\hat{x},\hat{y})$ 和 $(\hat{z},\hat{t})$ 中，极化器依据后向散射校准准则（back scattering alignment，BSA），该准则使接收信号 $(\hat{z},\hat{t},\widehat{k^s})$ 符合左手定则。

通过矩阵$\left[\bar{\bar{S}}\right]$，可以计算出点目标对任意极化 Jones 向量 $E_0^{\widehat{inc}}$ 的响应。实际上，$E_0^{\widehat{inc}}$ 是两个线性正交极化量分量 $\hat{x}$ 和 $\hat{y}$ 的线性组合：

$$\widehat{E_0}^{inc}=(\hat{x}\widehat{E_0}^{inc})\hat{x}+(\hat{y}\widehat{E_0}^{inc})\hat{y}=\widehat{E_0}^{inc}\hat{x}+\widehat{E_0}^{inc}\hat{y} \tag{2.64}$$

假设上式所示的计算过程是线性的，即

$$\begin{bmatrix} E_{0z}^{s} \\ E_{0t}^{s} \end{bmatrix}=\begin{bmatrix} S_{xz} & S_{yz} \\ S_{xt} & S_{yt} \end{bmatrix}\begin{bmatrix} E_{0x}^{inc} \\ E_{0y}^{inc} \end{bmatrix} \tag{2.65}$$

式中：E_{0x}^{inc} 和 E_{0y}^{inc} 为入射场（即入射场的 Jones 向量）E_0^{inc} 在发射方向 $(\hat{x},\hat{y})$ 上的分量；E_{0z}^{s} 和 E_{0t}^{s} 则为散射场 E_{0x}^{s}（即散射场的 Jones 向量）在接收方向上 $(\hat{z},\hat{t})$ 的分量。

由于当前的星载雷达是利用单一天线进行信号的收发，有

$$\hat{z}=\hat{x},\ \ \hat{t}=\hat{y},\ \ \hat{k}^{rec}=\hat{k}^{inc}=-\hat{k}^{s} \tag{2.66}$$

式中：$\hat{k}^{rec}$ 为接收极化波矢量。如果接收介质不包括非互易性元素，或者在雷达和地面之间电磁波的传播不包括非互易现象，对于目标–雷达系统应用互易定理意味着后向散射矩

阵$[\bar{\bar{S}}]$的对角项相等，即

$$S_{yx}=S_{xy} \tag{2.67}$$

因此，后向散射矩阵是一个复数对角矩阵，由 6 个参数定义，其中包括 3 个幅度项参数和 3 个相位项参数。如果排除绝对相位项（如 S_{xx}），则独立参数减少为 5 个，即 3 个幅度项参数和 2 个相位项

$$[\bar{\bar{S}}]=\begin{bmatrix} S_{xz} & S_{yz} \\ S_{xt} & S_{yt} \end{bmatrix}=\exp(j\phi_{xx})\begin{bmatrix} |S_{xx}| & |S_{xy}|\exp[j(\phi_{xy}-\phi_{xx})] \\ |S_{xy}|\exp[j(\phi_{xy}-\phi_{xx})] & |S_{yy}|\exp[j(\phi_{yy}-\phi_{xx})] \end{bmatrix} \tag{2.68}$$

2. 后向散射标准模式

为了满足极化 SAR 应用需要，这里对完全非去极化机制的后向散射矩阵中的奇次散射和偶次散射进行简单的介绍。

1）奇次（单次、三次）散射

单次散射对应于电磁波和电介质或载体表面的一次相互作用。如图 2.20（a）所示，其表面可以局部近似为包含正切值 $\hat{t}$ 和余切值 $\hat{c}$ 的切面。此表面的极化特征与一个被垂直照射的无限大导电平面的极化特征相似［图 2.20（b）］。入射电流通过该平面的反射后会产生大小为 π 的相位偏移：$E_0^{s1}=-\widehat{E}_0^{inc1}$，$E_0^{s2}=-\widehat{E}_0^{inc2}$。当系数 $S_{hh}=-1$ 的相位项忽略时，归一化的后向散射矩阵可以写成以下形式：

$$[\bar{\bar{S}}]_{SS}=\begin{bmatrix} 1 & 0 \\ 0 & 1 \end{bmatrix} \tag{2.69}$$

奇次散射有两个特征：①当入射波为线性极化时，电磁波的极化方向保持不变，从而使得$[\bar{\bar{S}}]_{SS}$的非对角线项为零；②S_{hh} 和 S_{vv} 相等。实际上，二者可能因为入射作用（菲涅尔系数）和表面不规则性（土地粗糙和潮湿）而有所不同。虽然这些作用会引起微小的变化，但不会改变其主要极化特征。

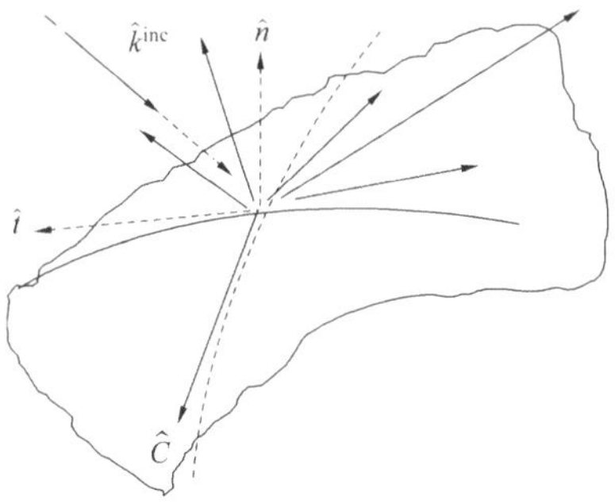

（a）一般情况

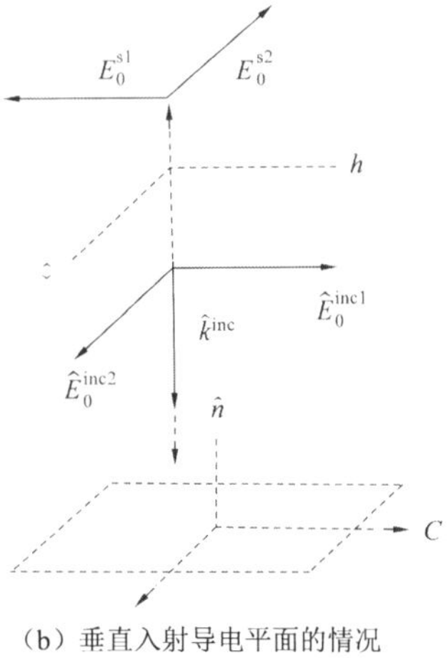

（b）垂直入射导电平面的情况

图 2.20　单次散射机制（Massonnet et al.，2015，2008）

2）偶次（两次）散射

偶次散射（或双次散射）是连续两次单次散射的结果［图 2.21（a）］。如果两个表面相互垂直，将产生两次连续的镜面反射，从而将入射波的能量反射回发射器（称为二面角效应或双次散射效应）。双次散射效应在城市地区尤其普遍，这也就是城市区域的强后向散射现象的原因。

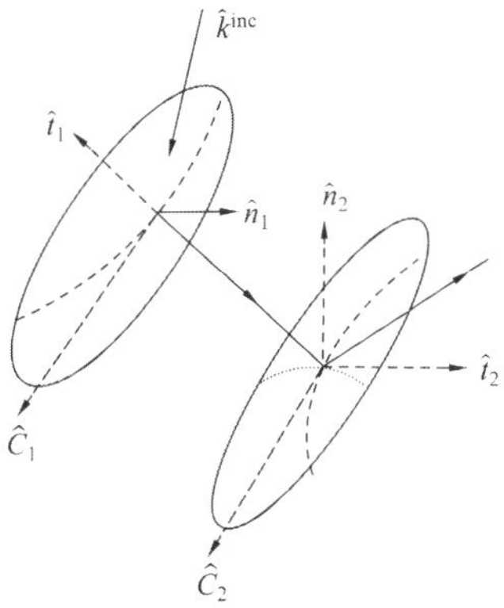

（a）一般情况

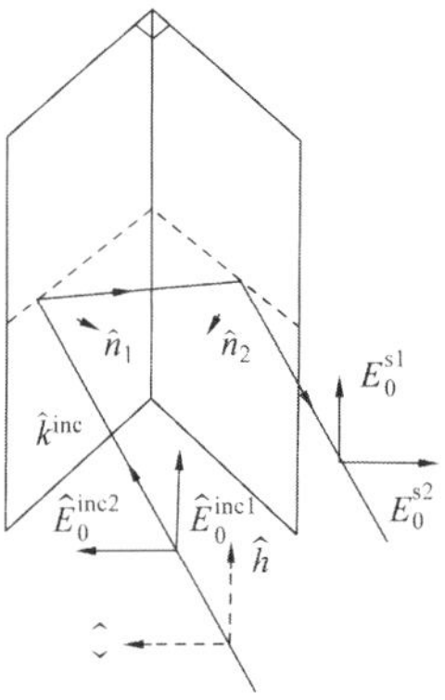

（b）特殊情况：照射由两块互相垂直的导电板构成的二面角反射器（垂直照射）

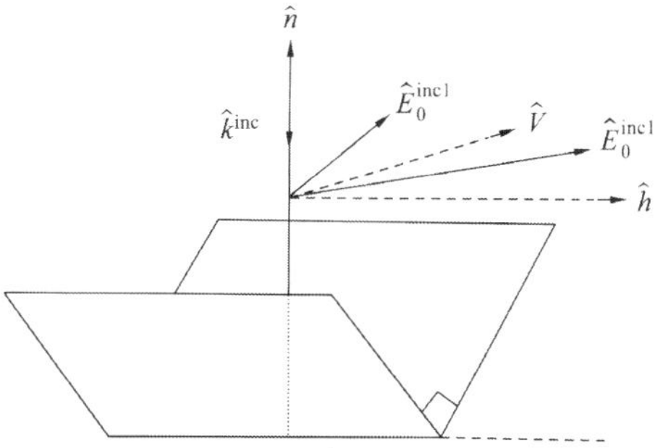

（c）二面角反射器的顶线与极化轴 $\hat{h}$ 呈 δ 角模式下的双次反弹散射机理

图 2.21　偶次（两次）散射机制（Massonnet et al.，2015，2008）

偶次散射普遍出现在两个垂直放置的导电平面被垂直于交线的电磁波辐射的情况下。下面考察入射波的电场或磁场与顶线平行的情况［图 2.21（b）］，在第一种情况下，入射波的电场 $\widehat{E_0}^{\text{inc1}}$ 与顶线平行，其值两次受到单位散射系数的影响，以至于双次散射对于电场的相位没有影响。当发射 $\widehat{E_0}^{\text{inc2}}$ 时，磁场依然平行于顶线，处理相应的磁场问题会更加容易一些。它同样受到两次单位散射系数作用（因为理想导体表面不会对平行它的磁场产生相位抵消）。因为电磁波的结构使得电场、磁场和传播方向三维矢量构成右手关系，所以对应电场的相位将偏移 π。双次散射在上述两种情况下对相位的影响不同，换而言之，$\widehat{E_0}^{\text{s1}}=\widehat{E_0}^{\text{inc1}}$，$\widehat{E_0}^{\text{s2}}=\widehat{E_0}^{\text{inc2}}$，所以归一化后向散射矩阵

$$\left[\bar{\bar{S}}\right]_{\text{DS}}=\begin{bmatrix}1 & 0\\ 0 & -1\end{bmatrix}\tag{2.70}$$

双次散射导致两个正交线性极化的后向散射之间产生 π 的相位延迟。通过$\left[\bar{\bar{S}}\right]_{\mathrm{DS}}$可以证明，当二面体角反射面的顶点与极化基的 $\hat{x}$ 轴形成 δ 角时［图 2.21（c）］，则$\left[\bar{\bar{S}}\right]_{\mathrm{DS}}^{\delta}$的表达式变为

$$\left[\bar{\bar{S}}\right]_{\mathrm{DS}}^{\delta}=\begin{bmatrix}\cos(2\delta) & \sin(2\delta)\\ \sin(2\delta) & -\cos(2\delta)\end{bmatrix} \tag{2.71}$$

这种结构保留了式（2.70）中强调的相位偏移特性，但把后向散射能量分配到了直接极化（又称同极化）通道（S_{hh} 和 S_{vv}）和交叉极化通道（S_{hv}）中。当 $\delta=45°$ 时，能全部反射到交叉极化通道中。

3）极化分解

从极化 SAR 图像数据中，可以提取目标的极化散射特性，从而实现全极化数据的分类、检测和识别等应用。这需要对极化数据进行分析，有效地提取出目标的散射特性。其理论核心是目标极化分解。目标分解定理最早由 Huynen 等（1978）提出，它有助于利用极化散射矩阵揭示散射体的物理机理，以促进对极化信息的充分利用。

根据目标散射特性的变化与否极化目标分解的方法大致可分为两类（王超 等，2008）。一类是针对目标散射矩阵的分解，此时要求目标的散射特征是确定的或稳态的，散射回波是相干的，故也称为 CTD（coherent target decomposition，相干目标分解），主要有 Pauli 分解、SDH 分解（Krogager，1990）、Cameron 分解（Cameron et al.，1990）和 SSCM 分解（Touzi et al.，1992）等；另一类是针对极化协方差矩阵极化相干矩阵、Mueller 矩阵或 Stokes 矩阵的分解，此时目标散射可以是非确定的（或时变的），回波是非相干（或部分相干）的，故也称为 ICTD（incoherent target decomposition，非相干目标分解），包括 Huynen 分解（Huynen，1978）、Cloude 分解（Cloude et al.，1996）、Holm & Barnes 分解（Holm et al.，1988）及 Freeman-Durden 分解（Freeman et al.，1998）等。

（1）极化目标相干分解——Pauli 分解。

Pauli 分解选择 Pauli 基$\left(\left[\bar{\bar{\sigma}}_0\right],\left[\bar{\bar{\sigma}}_1\right],\left[\bar{\bar{\sigma}}_2\right],\left[\bar{\bar{\sigma}}_3\right]\right)$作为它的基本散射矩阵，在正交线性基（H，V）下，Pauli 基用下面的 2×2 矩阵表示：

$$\begin{aligned}\left[\bar{\bar{\sigma}}_0\right]&=\frac{1}{\sqrt{2}}\begin{bmatrix}1 & 0\\ 0 & 1\end{bmatrix}, & \left[\bar{\bar{\sigma}}_1\right]&=\frac{1}{\sqrt{2}}\begin{bmatrix}1 & 0\\ 0 & -1\end{bmatrix}\\ \left[\bar{\bar{\sigma}}_2\right]&=\frac{1}{\sqrt{2}}\begin{bmatrix}0 & 1\\ 1 & 0\end{bmatrix}, & \left[\bar{\bar{\sigma}}_3\right]&=\frac{1}{\sqrt{2}}\begin{bmatrix}0 & -1\\ 1 & 0\end{bmatrix}\end{aligned} \tag{2.72}$$

由于分解算法认为后向散射算法是由若干基本机理组成，对于后向散射$\left[\bar{\bar{S}}\right]$可以表达为

$$\left[\bar{\bar{S}}\right]=\sum_{i=1}^{k}a_i\left[\bar{\bar{S}}\right]_i=\frac{a_0}{\sqrt{2}}\begin{bmatrix}1 & 0\\ 0 & 1\end{bmatrix}+\frac{a_1}{\sqrt{2}}\begin{bmatrix}1 & 0\\ 0 & -1\end{bmatrix}+\frac{a_2}{\sqrt{2}}\begin{bmatrix}0 & 1\\ 1 & 0\end{bmatrix}+\frac{a_3}{\sqrt{2}}\begin{bmatrix}0 & -1\\ 1 & 0\end{bmatrix} \tag{2.73}$$

假设一个满足互易性质的收发同置系统，因为$\left[\bar{\bar{S}}\right]$沿$\left[\bar{\bar{\sigma}}_3\right]$方向的分量是唯一非对角项，从而有 $a_3=0$。其他的参数为

$$a_0 = \frac{S_{\text{hh}} + S_{\text{vv}}}{\sqrt{2}},\ \ a_1 = \frac{S_{\text{hh}} - S_{\text{vv}}}{\sqrt{2}},\ \ a_2 = \sqrt{2} S_{\text{hv}} \tag{2.74}$$

式中：矩阵$[\bar{\bar{\boldsymbol{\sigma}}}_0]$对应光滑表面、平面、球面或三面角反射的奇次散射特征；$[\bar{\bar{\boldsymbol{\sigma}}}_1]$对应二面角反射面顶线平行或垂直入射波的双次散射的情况；$[\bar{\bar{\boldsymbol{\sigma}}}_2]$也是对应双次散射的情况，但其角反射顶点与入射波成45°角（$\delta = 45°$）。

Pauli 分解的物理解释为：后向散射过程是三个相干基本机理共同作用的结果，即单次散射；不引起极化变化的双次散射；全部信号被后向散射到交叉极化通道的45°角的双次散射。对于产生大交叉极化回波的散射过程而言，如体散射，后者的成分占主导。

（2）极化目标非相干分解——Freeman 分解。

非相干极化测量的分解目的和相干极化分解相同，但非相干分解算法要考虑后向散射波的极化桩体。Freeman 等（1998）将后向散射认为是三种不相干的基本地物散射机制构成：一阶布拉格散射（即表面或单次散射）、双次散射和体散射。

一阶布拉格散射的后向散射矩阵表达式为

$$[\bar{\bar{\boldsymbol{S}}}]_{\text{S}} = \begin{bmatrix} S_{\text{hh}}^{\text{s}} & 0 \\ 0 & S_{\text{vv}}^{\text{s}} \end{bmatrix} \tag{2.75}$$

其相应的协方差矩阵可以写为

$$[\bar{\bar{\boldsymbol{C}}}]_{\text{S}} = f_{\text{s}} \begin{bmatrix} \beta^2 & 0 & \beta \\ 0 & 0 & 0 \\ \beta & 0 & 1 \end{bmatrix} \tag{2.76}$$

式中：$f_{\text{s}} = \langle |S_{\text{vv}}^{\text{s}}|^2 \rangle$；$\beta^2 = \langle |S_{\text{hh}}^{\text{s}}|^2 \rangle / f_{\text{s}}$。这里$\langle S_{\text{hh}}^{\text{s}} S_{\text{vv}}^{\text{s}\,*} \rangle = \beta f_{\text{s}}$是一个实数。实际上，$[\bar{\bar{\boldsymbol{C}}}]$的秩为1表明后向散射机制可以认为是由一个理想目标产生的。

由绝缘的二面角反射器产生的双次散射响应的后向散射矩阵由下式给出：

$$[\bar{\bar{\boldsymbol{S}}}]_{\text{d}} = \begin{bmatrix} S_{\text{hh}}^{\text{d}} & 0 \\ 0 & S_{\text{vv}}^{\text{d}} \end{bmatrix} = \begin{bmatrix} \exp(j \cdot 2\phi_{\text{hh}}) R_{\text{ghh}} R_{\text{thh}} & 0 \\ 0 & \exp(j \cdot 2\phi_{\text{vv}}) R_{\text{gvv}} R_{\text{tvv}} \end{bmatrix} \tag{2.77}$$

式中：下标 g 和 t 分别为水平面和垂直表面反射的回波；ϕ_{hh}和ϕ_{vv}为相位项；反射系数R为实数，上式相应的协方差矩阵为

$$[\bar{\bar{\boldsymbol{C}}}]_{\text{d}} = f_{\text{d}} \begin{bmatrix} |a|^2 & 0 & a \\ 0 & 0 & 0 \\ a^* & 0 & 1 \end{bmatrix} \tag{2.78}$$

式中：$f_{\text{d}} = \langle R_{\text{gvv}}^2 R_{\text{tvv}}^2 \rangle$；$a = \langle (R_{\text{ghh}} R_{\text{thh}} / R_{\text{gvv}} R_{\text{tvv}}) \rangle \exp[2j(\phi_{\text{hh}} - \phi_{\text{vv}})]$。$[\bar{\bar{\boldsymbol{C}}}]_{\text{d}}$的秩为1表明后向散射机制可以认为是由一个理想目标产生的。

最后，如果考虑一个无限长的细偶极子的后向散射矩阵，则体散射的协方差矩阵认为是各项同性偶极子的集合：

$$\left[\bar{\bar{C}}\right]_{\mathrm{v}}=f_{\mathrm{d}}\begin{bmatrix}1 & 0 & \frac{1}{3}\\ 0 & \frac{2}{3} & 0\\ \frac{1}{3} & 0 & 1\end{bmatrix} \tag{2.79}$$

式中：$f_{\mathrm{d}}=\left\langle\left|S_{\mathrm{vv}}^{\mathrm{v}}\right|^2\right\rangle=\left\langle\left|S_{\mathrm{hh}}^{\mathrm{v}}\right|^2\right\rangle$。这里的协方差矩阵的秩为 3，因此此处的后向散射过程将不同于理想目标的情况。同时这也是唯一一个产生交差极化信号的散射机理。

Freeman 分解即将协方差矩阵视为三个独立机理模型之和：

$$\left[\bar{\bar{C}}\right]=\left[\bar{\bar{C}}\right]_{\mathrm{s}}+\left[\bar{\bar{C}}\right]_{\mathrm{d}}+\left[\bar{\bar{C}}\right]_{\mathrm{v}} \tag{2.80}$$

为了求解这些未知参量，首先假设散射体满足互易性和反射对称性，且体散射、二次散射以及表面散射分量相互独立，则总的后向散射模型为

$$\left.\begin{aligned}\left\langle\left|S_{\mathrm{hh}}\right|^2\right\rangle&=f_{\mathrm{s}}\beta^2+f_{\mathrm{d}}|a|^2+f_{\mathrm{v}}\\ \left\langle\left|S_{\mathrm{vv}}\right|^2\right\rangle&=f_{\mathrm{s}}+f_{\mathrm{d}}+f_{\mathrm{v}}\\ \left\langle S_{\mathrm{hh}}S_{\mathrm{vv}}^{*}\right\rangle&=f_{\mathrm{s}}\beta+f_{\mathrm{d}}a+f_{\mathrm{v}}/3\\ \left\langle\left|S_{\mathrm{hv}}\right|^2\right\rangle&=f_{\mathrm{v}}/3\end{aligned}\right\} \tag{2.81}$$

该模型给出了 4 个方程和 5 个未知量。为了求解这个问题，要求其中一个未知量事先给定。考虑实部$\left\{\left\langle S_{\mathrm{hh}}S_{\mathrm{vv}}^{*}\right\rangle-\left\langle\left|S_{\mathrm{hv}}\right|^2\right\rangle\right\}$的符号可以消除此不确定性。当符号为正时，可以假定表面后散射主要为双次散射，则 $a=-1$，那么方程就可以由 f_{s}、f_{d}、f_{v} 和 β 解出。如果符号为负，则 $\beta=1$，方程组由 f_{s}、f_{d}、f_{v} 和 a 解出。此后带入$\left[\bar{\bar{C}}\right]_{\mathrm{s}}$、$\left[\bar{\bar{C}}\right]_{\mathrm{d}}$、$\left[\bar{\bar{C}}\right]_{\mathrm{v}}$，就可以得到不同机理模型的散射分量。

表面散射分量

$$P_{\mathrm{s}}=f_{\mathrm{s}}(1+\beta^2)$$

二面角散射分量

$$P_{\mathrm{d}}=f_{\mathrm{d}}(1+|a|^2)$$

体散射分量

$$P_{\mathrm{v}}=8f_{\mathrm{v}}/3$$

2.2.4　SAR 数据波段及雷达卫星概况

SAR 技术诞生于 20 世纪 50 年代初，在六十多年的发展过程中，SAR 技术取得了辉煌的成绩。从概念到构思，从实验室到样机，从机载到星载，从单星到星座，从低分辨率、单波段、单极化、单模式、单基地、单平台、单视角到高分辨率、多波段、多极化、多模式、多（双）基地、多平台、多视角，再到干涉体制和全极化干涉体制的出现以及动目标的显示，各方面均得到了突飞猛进的发展和应用。

目前，SAR 的工作波段主要集中在 X 波段、C 波段、L 波段，如图 2.22 所示。

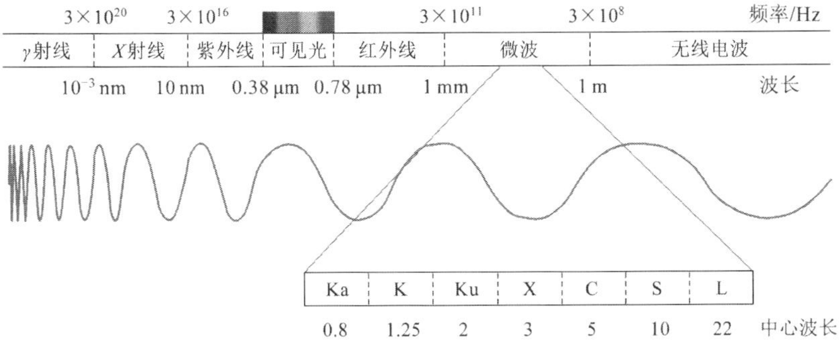

图 2.22　电磁波谱

星载 SAR 的整个发展过程大致可分为三个阶段：孕育期（1951～1990 年），美国是主要的研制、发展和应用国家；成长期（1990～2000 年），美国、俄罗斯、加拿大、日本、欧洲等国家和地区在这一时期推进了星载 SAR 技术的进步（张国清 等，2002）；蓬勃发展期（2000 年至今），美国、欧盟、加拿大、以色列、日本、印度、俄罗斯、韩国、中国等国家和地区先后发射了 SAR 成像雷达卫星，主要的具有代表性的雷达卫星及其工作参数如表 2.1 所示。

表 2.1　主要雷达卫星及其参数特征

卫星	发射年份	方位分辨率/m	距离分辨率/m	极化方式	工作波段	轨道倾角
Seasat	1978	25	25.0	HH	L	108°
SIR-/A/B/C	1981/1984/1994	40/58～16/30	40/20～30/10～30	HH/HH/多极化	L/L/L、C、X	38°/57°/57°
ERS-1	1991	30～100	26.3～100.0	VV	C	98.52°
ERS-2	1995	30～100				
JERS-1	1992	24.2	18.3	HH	L	97.9°
Radarsat-1	1995	9～100	6～100	HH	C	98.58°
Radarsat-2	2007	3～100	3～100	多极化		
Envisat	2002	6～1000	9～1000	HH，VV	C	98.54°
ALOS-1	2006	14～88	7～44	多极化	L	98.16°
ALOS-2	2014	1～100	3～100			
TerraSAR-X	2007	1～16	1～16	多极化	X	98°
Cosmo-SkyMed	2007～2010	1～100	1～100	多极化	X	97.86°
Sentinel-1a	2014	5～20	5～40	多极化	C	98.18°
Sentinel-1b	2016	5～20	5～40	多极化	C	98.18°
HJ-1C	2012	5～20		VV	S	97.37°
GF-3	2016	1～25		多极化	C	—

下面简单介绍主要的雷达卫星情况。

1. Seasat

1978 年 6 月 27 日美国 JPL（Jet Propulsion Laboratory，喷气推进实验室）发射了载有 SAR 的海洋卫星 Seasat。Seasat 搭载的 SAR 为 L 波段，HH 极化，入射角为 23°，分辨率 25 m（距离向）×25 m（方位向），观测带宽 100 km。其主要任务是监测全球海面波场和极地海冰的状况。该卫星在轨运行 105 d，收集了 42 h 的数据，获得了大量的海洋、地形、地质方面的数据（吴克勤，1989）。Seasat 的发射标志着合成孔径雷达成功地进入太空观测时代。

2. SIR-A/B/C

1981 年 11 月 12 日美国“哥伦比亚”号航天飞机搭载成像雷达 SIR-A 顺利升空。SIR-A 也是 L 波段，HH 极化，标定入射角为 50°。其观测任务共 3 d，对美洲的北部中部和南部非洲、亚洲和大洋洲的 1 000 万平方千米的研究区成像，其中包括 3 个位于中国的实验区，北部两个成像条带分别穿过华北中部、甘肃北部及新疆中部，南部一个成像条带穿越海南岛、云南和西藏。从 SIR-A 雷达影像上成功地观测到撒哈拉沙漠的地下古河道，显示了 SAR 具有穿透地表的能力，引起国际科技界的震动。1984 年，美国进行了“奋进”号航天飞机搭载 SIR-B 实验，提供了多角度的雷达观测结果。1994 年，美国、德国和意大利航天部门进行了 SIR-C/X-SAR 飞行试验，首次实现了利用多频、多极化雷达信号从空中对地球进行观测（Evans et al.，1997；Ottl，1997）的目标。

3. ERS-1/2

1991 年 7 月 16 日 ESA（European Space Agency，欧洲空间局）发射了其第一颗地球资源卫星 ERS-1，其上搭载的 SAR 工作于 C 波段，采用 VV 极化，入射角为 23°，观测带宽为 100 km，距离向分辨率 26 m，方位向分辨率 28 m，具有全系统校准能力，以提高图像质量。ERS-1 可提供全球气候变化情况，并对近海水域和陆地进行观测。这颗卫星与其后继星 ERS-2 所获取的大量数据被世界各国广泛使用，是性能较好的 SAR 系统之一。ERS-1 计划工作时间为 5 年，由于系统性能良好直到 2000 年 3 月才终止工作。1995 年 4 月，ESA 又发射了 ERS-2，其参数与 ERS-1 基本相同，于 2011 年退役但仍可激活进入工作状态。

4. JERS-1

1992 年 2 月 11 日，日本发射的地球资源卫星 JERS-1，携带 L 波段 SAR 系统。该 SAR 系统采用 HH 极化，观测带宽 75 km，距离向和方位向分辨率均为 18 m，总体性能与 ERS-1 相似，主要用于地形测绘，农业、林业和畜牧业的植被灾情监测。该系统于 1998 年 10 月终止工作。

5. Radarsat-1/2

1995 年 11 月 4 日加拿大成功发射了其第一颗资源调查卫星 Radarsat-1，计划工作周期为 5 年。它借鉴了很多 ERS 经验，虽然也是 C 波段、单极化（HH），但采用电扫天线，具有 7 种工作模式，分辨率从 10 m 到 100 m 可变，重复观测周期为 24 d，观测带宽可达 500 km，天线视角在 10°和 60°之间变化。同时它带有实验天线波束，可使扫描带进一步扩展，该星为商业应用和科学研究提供全球冰情、海洋和地球资源数据。Radarsat-2 于 2007 年发射，其参数继承了 Radarsat-1 的所有工作模式，并额外提供了多极化成像、3 m 分辨率成像等，为全球用户提供全极化模式的高分辨率星载 SAR 图像。

6. Envisat

Envisat 是 ESA 在 ERS-1/2 失效后于 2002 年发射的环境卫星，星上搭载的 ASAR 合成孔径雷达在继承 ESR-1/2 的基础上，具备了多极化、多入射角、大幅宽等特性。该卫星于 2012 年失联。

7. ALOS-1/2

ALOS 是日本的对地观测卫星，星上搭载了 PALSAR L 波段合成孔径雷达传感器。ALOS-1 发射于 2006 年，于 2011 年失联；ALOS-2 发射于 2014 年。ALOS-1 上的 PALSAR 是当时世界上唯一的在轨运行星载 L 波段合成孔径雷达传感器，而 ALOS-2 具备更短的访问周期和双向侧摆能力，可以提供多种空间分辨率的条带模式数据，并增加了聚束模式，其最高空间分辨率达到 1 m×3 m。

8. TerraSAR-X

2007 年 6 月 15 日，德国 TerraSAR-X 雷达卫星在哈萨克斯坦拜科努尔航天发射场发射成功。该卫星工作在 X 波段，有聚束式、条带式和推扫式 3 种成像模式，并拥有多种极化方式。在聚束模式下，其分辨率可以达到 1 m。其姊妹星 TanDEM-X 于 2010 年 6 月 21 日发射成功，与 TerraSAR-X 一起提供覆盖全球的雷达数据和高精度的 DEM 产品。

9. Cosmo-SkyMed

Cosmo-SkyMed 是意大利研发的军民两用卫星星座，由 4 颗雷达卫星组成。第一颗卫星于 2007 年 6 月 8 日发射，最后一颗于 2010 年 11 月 6 日发射，目前 4 颗卫星均在轨运行，对赤道地区目标的平均重访周期约为 5.5 h。Cosmo-SkyMed 工作在 X 波段，有聚束式、条带式和推扫式 3 种成像模式，并拥有单极化、双极化和全极化的多种极化方式。在聚束模式下，其图像分辨率可以达到 1 m。

10. Sentinel-1a/1b

Sentinel-1a 于 2014 年 4 月发射升空，Sentinel-1b 于 2016 年 4 月发射，二者处于同一个轨道面上。单个卫星每 12 d 映射全球一次，双星座重访周期缩短至 6 d，赤道地区重访周期 3 d，北极 2 d。拥有干涉宽幅模式和波模式两种主要工作模式，另有条带模式和超宽幅模式两种附加模式。干涉宽幅模式幅宽 250 km，地面分辨率 5 m×20 m；波模式幅宽 20 km×20 km，地面分辨率 5 m×5 m；条带模式幅宽 80 km，地面分辨率 5 m×5 m；超宽幅模式幅宽 400 km，地面分辨率 20 m×40 m。

11. 环境一号 C 星（HJ-1C）

环境一号 C 星（HJ-1C）是我国第一颗民用雷达卫星，发射于 2012 年。它配置的 S 波段合成孔径雷达，可获取地物 S 波段影像信息。环境一号 C 星轨道高度 500 km，具备空间分辨率 5 m 条带和 20 m 扫描两种成像模式，幅宽分别为 40 km 和 100 km。

12. 高分三号（GF-3）

高分三号（GF-3）卫星于 2016 年 8 月发射升空。它是中国高分专项工程的一颗遥感卫星，也是中国首颗分辨率达到 1 m 的 C 频段多极化 SAR 成像卫星（庞丹 等，2016）。高分三号卫星具备 12 种成像模式，涵盖传统的条带成像模式和扫描成像模式，以及面向海洋应用的波成像模式和全球观测成像模式，是世界上成像模式最多的合成孔径雷达卫星。

2.3　星载低频长波下视雷达

根据式（2.37），雷达波长越长，对地表的穿透性就越好。为了研究地表之下地物特征，就需要利用低频长波雷达进行观测（雷达波长大于 15 m，探测深度超过 100 m。这里的低频长波相对于星载合成孔径雷达而言，部分文献中称之为高频雷达）。目前，星载低频长波雷达主要应用于行星科学领域，在火星、月球浅地表探测当中取得一系列的成果，它可以穿透到行星表面以下几百米到几千米的地表深层，揭示其次表层结构特征。

2.3.1　星载低频长波下视雷达特征

目前在火星、月球的探测中，使用了低频长波合成孔径下视雷达系统。2003 年 ESA 成功发射的火星快车（Mars express），星上搭载了 MARSIS（Mars advanced radar for subsurface and ionosphere sounding，火星表面电离层先进探测雷达）。火星快车于 2005 年到达火星，并成功地进行了火星探测工作。MARSIS 的主要任务是研究火星的上层大气，研究火星地下 2～5 km 内的地下结构，寻找地下水，绘制火星地壳浅层的水和冰分布区。在 MARSIS 的基础上，美国 NASA（National Aeronautics and Space Administration，国家航空航天局）于 2005 年发射了 MRO（Mars reconnaissance orbiter，火星勘测轨道飞行器），星上搭载了与 MARSIS 系统类似的 SHARAD（shallow subsurface sounding radar，火星次表层结构探测雷达）用于火星地表之下 1 km 的浅表层结构精细探测。2007 年，日本发射的月神号（SELENT）飞船发射升空，搭载了 LRS（Lunar radar sounder，月球雷达探测仪）用于探测月面之下 1～5 km 的月壳地质结构探测。

上述雷达系统的雷达工作频率在（1.5～20）MHz，雷达波长在 60～160 m，这一波长远高于星载 SAR 系统的雷达波长。同时，这些雷达系统均采用下视模式，与传统星载 SAR 系统的侧视模式不同（李雁斌 等，2015）。表 2.2 为当前用于行星地下探测的低频长波下视雷达特征。

表 2.2　当前低频长波下视雷达特征

国家	美国	欧洲	日本
探测器	火星轨道器	火星快车	月神号飞船
载荷	SHARAD	MARSIS	LRS
发射时间	2005 年	2003 年	2007 年
主要技术指标	中心频率:(15～25)MHz 带宽: 10 MHz 水平分辨率: 300 m 垂直分辨率: 15 m 探测深度: 1 km	中心频率:(1.8～5)MHz 带宽: 1 MHz 水平分辨率: 5～10 km 垂直分辨率: 100 m 探测深度: 2～5 km	中心频率:（4～6）MHz 带宽: 2 MHz 水平分辨率: 600 m 垂直分辨率: 75 m 探测深度: 5 km

2.3.2　星载低频长波下视雷达反射机理与成像处理

1. 反射机理

星载低频长波下视合成孔径雷达主要是基于电磁波的传播与散射原理，通过向地下发射电磁波信号并接收地下介质不连续处散射回来的回波实现地下目标的成像、定位与量化计算。这里采用典型的两层模型，对浅表层和基岩层介质的电磁反射特征进行分析。这里的浅表层指火星表面干燥的土壤结构或月球表面的月壤。

如图 2.23 所示，假设传感器位于点距离表面高度为 H 的 $P_0(x,y,z)$ 点，浅表层和基岩层的介电常数分别为 ε_1 和 ε_2 。电磁波经过空间传播到达大气层和浅表层交界处的点 $P_1(x,y,z)$，由 Kirchhoff 近似，点 $P_1(x,y,z)$ 处的入射场一部分反射回大气层，反射场产生感应电流并向空间辐射，形成表面回波；另一部分透射到浅表层中，向下传播至风化层和基岩层的交界处的点 $P_2(x,y,z)$，一部分反射浅表层中，并向上传播至大气层和浅表层交界处的点 $P_3(x,y,z)$，一部分穿透到大气层中，形成次表面（基岩与浅表层界面）回波（法文哲 等，2010；法文哲，2008）。

定义 P_1、P_2、P_3 点所在的面元依次为 1、2、3，则它们的法向矢量分别为 $\boldsymbol{n}_1$、$\boldsymbol{n}_2$、$\boldsymbol{n}_3$，入射波矢量分别为 $\boldsymbol{k}_1$、$\boldsymbol{k}_2$、$\boldsymbol{k}_3$，则在 P_1、P_2、P_3 点所在的局部坐标系中垂直极化和平行极化分别为 $\boldsymbol{h}$ 和 $\boldsymbol{v}$:

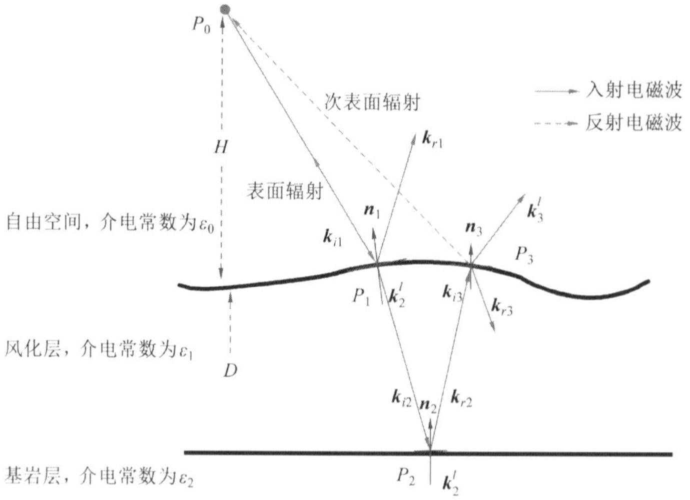

图 2.23　双层介质电磁传播模型

$$\begin{cases}\boldsymbol{h}_1=\dfrac{\boldsymbol{k}_{i1}\times\boldsymbol{n}_1}{|\boldsymbol{k}_{i1}\times\boldsymbol{n}_1|},\quad \boldsymbol{v}_1=\boldsymbol{h}_1\times\boldsymbol{k}_{i1}\\ \boldsymbol{h}_2=\dfrac{\boldsymbol{k}_{i2}\times\boldsymbol{n}_2}{|\boldsymbol{k}_{i2}\times\boldsymbol{n}_2|},\quad \boldsymbol{v}_2=\boldsymbol{h}_2\times\boldsymbol{k}_{i2}\\ \boldsymbol{h}_3=\dfrac{\boldsymbol{k}_{i3}\times\boldsymbol{n}_3}{|\boldsymbol{k}_{i3}\times\boldsymbol{n}_3|},\quad \boldsymbol{v}_3=\boldsymbol{h}_3\times\boldsymbol{k}_{i3}\end{cases}\tag{2.82}$$

在界面 i 和界面 j 之间，垂直极化和水平极化的反射系数为

$$\begin{aligned}R_{ij}^{\mathrm{h}}&=\frac{\cos\theta_i-\sqrt{\dfrac{\varepsilon_{rj}}{\varepsilon_{ri}}-\sin^2\theta_i}}{\cos\theta_i+\sqrt{\dfrac{\varepsilon_{rj}}{\varepsilon_{ri}}-\sin^2\theta_i}}\\ R_{ij}^{\mathrm{v}}&=\frac{\dfrac{\varepsilon_{rj}}{\varepsilon_{ri}}\cos\theta_i-\sqrt{\dfrac{\varepsilon_{rj}}{\varepsilon_{ri}}-\sin^2\theta_i}}{\dfrac{\varepsilon_{rj}}{\varepsilon_{ri}}\cos\theta_i+\sqrt{\dfrac{\varepsilon_{rj}}{\varepsilon_{ri}}-\sin^2\theta_i}}\end{aligned}\tag{2.83}$$

式中：θ_i 为局部入射角（local incidence angle）。

假设点 P_1 处的入射场为 $\boldsymbol{E}=E_0\hat{e}$，则表面辐射场强计算公式为（曹志国 等，2013）

$$\begin{aligned}\boldsymbol{E}_{\mathrm{sur}(\boldsymbol{r})}=&-\mathrm{i}kG_{10}\oint_{\mathrm{s}}\Big\{(1+R_{01}^{\mathrm{h}})E_h\boldsymbol{k}_{\mathrm{s}}\times(\boldsymbol{n}_1\times\boldsymbol{h}_1)-(1-R_{01}^{\mathrm{v}})E_{\mathrm{v}}\cos\theta_{il}\boldsymbol{k}_{\mathrm{s}}\times\boldsymbol{h}_1\\ &+(1-R_{01}^{\mathrm{h}})E_h\cos\theta_{i1}\boldsymbol{h}_1+(1+R_{01}^{\mathrm{v}})E_{\mathrm{v}}(\boldsymbol{n}_1\times\boldsymbol{h}_1)\Big\}\mathrm{d}s\end{aligned}\tag{2.84}$$

根据 Stratton-Chu 积分方程，次表层的辐射场为

$$\begin{aligned}\boldsymbol{E}_{\mathrm{sub}(\boldsymbol{r})}=&-\mathrm{i}kG_{10}\oint_{s}\{-E_{h3}^{t}[(\boldsymbol{k}_{\mathrm{s}}\cdot\boldsymbol{n}_3)+\cos\theta_{t3}]\boldsymbol{h}_3\\ &+\boldsymbol{k}_{\mathrm{s}}E_{h3}^{t}[(\boldsymbol{k}_{\mathrm{s}}\cdot\boldsymbol{n}_3)+\cos\theta_{t3}](\boldsymbol{k}_{\mathrm{s}}\times\boldsymbol{h}_3)\}\mathrm{d}s\end{aligned}\tag{2.85}$$

理论上，传感器接收到的电磁回波信号如图 2.24 所示，但实际返回信号如图 2.25 所示。

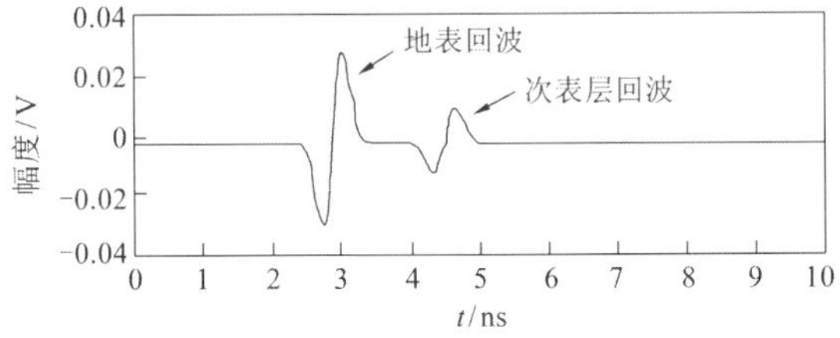

图 2.24　地表回波信号与次表层回波信号

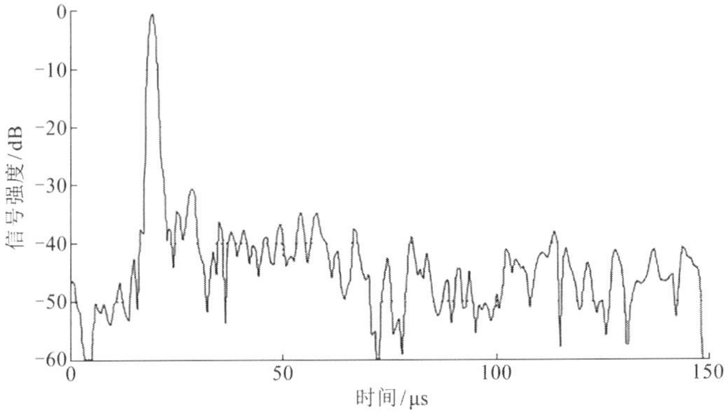

图 2.25　MARSIS 单幅次表层回波信号

轨道号：2632，Frame ID: 175

经过处理后的 MARSIS 2 级数据，可以清晰地反映出地表和地下结构特征（图 2.26）。

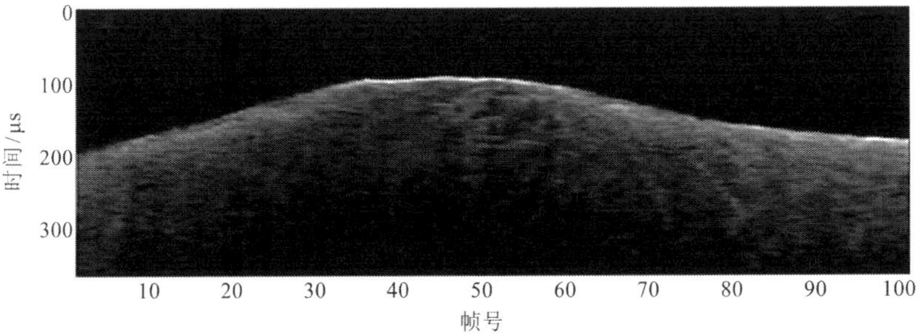

图 2.26　MARSIS 获取的回波信号（Cicchettia et al.，2017）

2. 成像处理

对于低频长波下视雷达成像处理，与传统雷达成像处理方式类似。通过获取相位延迟由参考信号补偿（偏移）的那些信号的总和来产生图像像素数据。相位补偿在 SAR 处理中产生高质量图像起着至关重要的作用。理想的相位补偿要求参考信号具有与目标信号相位相同的相位延迟，这通过具有目标回波的传播延迟的精确信息来实现。

在传统的 SAR 成像算法当中，假设目标位于行星表面上，只需要考虑雷达脉冲在单个介质或真空中传播。 但对于低频长波雷达系统，其主要观测目标位于地下，因此雷达脉冲不仅在真空中传播，而且在地下介质中传播以到达目标。由于电磁波在地下介质中的传播速度比真空中的传播速度慢得多，传统的单介质模型算法无法正确评估目标回波在地下的传播延迟，必须在算法中引入一种考虑地下介质和真空介质的双介质模型以正确评估雷达脉冲传播延迟（Kobayashi et al.，2011）。

在双层模型中，雷达脉冲的双向传播延迟可以表达为

$$\tau = \frac{2\left(r_0 + \sqrt{\varepsilon_1} r_1\right)}{c} \tag{2.86}$$

式中：r_0、ε_1、r_1 分别为传感器到地表的距离、次地表覆盖物的介电常数、地表到地下目标的距离；c 为光速。

根据传统雷达成像算法，首先进行距离向压缩。在 LRS 系统中，雷达发射调频信号，在一个脉冲周期，信号频率为

$$f(t) = f_0 + \dot{f}\,t \tag{2.87}$$

式中：f_0 为初始频率；$\dot{f}$ 为线性调频信号的调频率；t 为脉冲宽度。若用角频率 $\omega = 2\pi f$ 代替频率，SAR 发射的脉冲信号为

$$F_{Tx}(t) = \exp\left\{ \mathrm{i}\int_0^t (\omega_0 + \dot{\omega} t')\mathrm{d}t' \right\} = \exp \mathrm{i}\left(\omega_0 + \frac{1}{2}\dot{\omega} t^2 \right) \tag{2.88}$$

式中：$0 \leqslant t \leqslant T$。距离向的参考函数为

$$F_{\mathrm{ref}}(t) = \exp \mathrm{i}\left(\omega_0 + \frac{1}{2}\dot{\omega} t^2 \right), \quad 0 \leqslant t \leqslant T_{\mathrm{sw}} \tag{2.89}$$

这里 T_{sw} 是参考信号的扫描时间，且 $T_{\mathrm{sw}} > T$ 以保证最大的探测范围。如果最大的探测距离为 $R_{\max}$，则返回的脉冲信号被接收的时间应该是从 $\frac{2R_{\max}}{c}$ 到 $\frac{2R_{\max}}{c} + T$，因此有

$$T_{\mathrm{sw}} \geqslant \frac{2R_{\max}}{c} + T \tag{2.90}$$

较大的扫描时间 T_{sw} 是可以避免错过回波信号的任何部分。

给定星地最短距离 R_0，参考信号开始进行调频处理的时间 T_0 应该满足

$$0 \leqslant T_0 \leqslant \frac{2R_0}{c} \tag{2.91}$$

以保证接收窗口有足够的时间。这里可以假设参考信号从一开始就进行线性调频处理。假设目标为单个点目标，目标信号与脉冲信号形式一致，但有一定的传播延迟，因此目标信号可以表达为

$$G_{Rx}(t) = \exp \mathrm{i}\left[\omega_0 (t-\tau) + \frac{1}{2}\dot{\omega}(t-\tau)^2 \right] \tag{2.92}$$

为了方便起见，这里假设回波信号的幅度是不变的。接收信号与参考信号 $F_{\mathrm{ref}}(t)$的复共轭相乘，并通过低通滤波器（low pass filter，LPF）后输出

$$G_{Rx}(t)\cdot F_{\mathrm{ref}}^{*}(t)=\exp\mathrm{i}\left(\omega_0\tau+\dot{\omega}t\tau-\frac{1}{2}\dot{\omega}\tau^2\right),\quad 0\leqslant t-\tau\leqslant T \tag{2.93}$$

对上式进行傅立叶变换，可以得到目标回波的脉冲压缩数据，其具体形式为

$$A(\omega)=T\,\mathrm{sinc}\left[\frac{T(\dot{\omega}\tau-\omega)}{2}\right]\exp\mathrm{i}\left[\omega_c\tau+\frac{1}{2}(\dot{\omega}\tau^2-2\omega\tau-\omega T)\right] \tag{2.94}$$

式中：$\omega_c=\omega_0+\dfrac{\dot{\omega}T}{2}$ 为中心频率；sinc 为辛格函数。当 $\dot{\omega}\tau-\omega_p=0$ 时，地下目标物的距离

$$R_t=\frac{c\tau}{2}=\frac{c\omega_p}{2\dot{\omega}} \tag{2.95}$$

且目标回波信号为

$$S(\tau)=T\exp\mathrm{i}\left(\omega_0-\frac{\dot{\omega}\tau}{2}\right)\tau \tag{2.96}$$

该信号被用作 SAR 成像处理过程中的参考信号。

根据 SAR 成像模式，SAR 除获得最近点的回波信号外，同时通过使用后部和前部的 N 个观察点来获得回波信号，因此对于每一个地表之下的地物有 $2N+1$ 个回波信号，合成孔径的长度为 $L=2N\cdot\Delta L$，ΔL 是传感器两次观测时的空间距离。此时，第 k 点的强度为

$$I(k,L)=\left|\frac{1}{2N+1}\sum_{n=-N}^{N}A_{\mathrm{obs},n}(j_{n,k}\Delta\omega)F_{\mathrm{ref},k}^{*}(\tau_{n,k})\right|^2 \tag{2.97}$$

式中：$A_{\mathrm{obs,n}}(j_{n,k}\Delta\omega)$ 为距离向压缩后的第 n 个观测数据；$j_{n,k}$ 为整数且满足

$$\left(j_{n,k}-\frac{1}{2}\right)\Delta\omega\leqslant\dot{\omega}\tau_{n,k}<\left(j_{n,k}+\frac{1}{2}\right)\Delta\omega \tag{2.98}$$

$F_{\mathrm{ref},k}(\tau_{n,k})$ 是回波信号的参考函数

$$F_{\mathrm{ref},k}(\tau_{n,k})=\exp\mathrm{i}\left(\omega_0-\frac{\dot{\omega}\tau_{n,k}}{2}\right)\tau_{n,k} \tag{2.99}$$

处理前的 LRS 数据和经过聚焦处理后的 LRS 结果如图 2.27 所示。

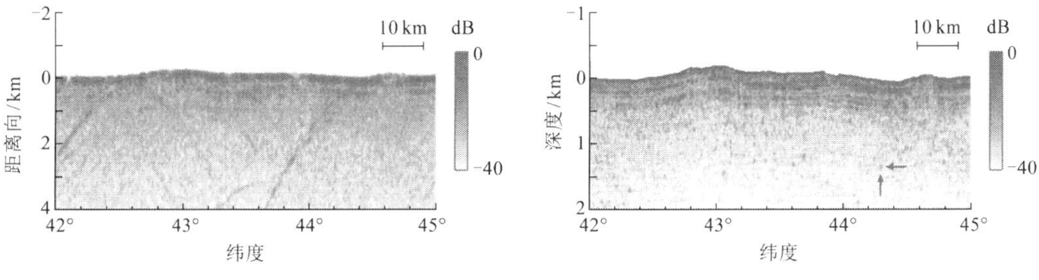

图 2.27　聚焦处理前的雷达观测数据及经过聚焦处理后的观测数据（Kobayashi et al.，2011）

图中箭头指示了地下小物体的位置

第3章

军事地质SAR遥感调查

根据电磁波与地物相互作用过程，不同地物在SAR影像上的特征会有或多或少的差异。在全球尺度下，虽然不同地区的同类军事地质要素受到外界影响不一致，会导致其在影像上的特征有所差异，但是其散射特征、纹理特征等具有一定的共性，且在一定区域内基本相同，这为军事地质要素的遥感调查提供了基础。

本章首先介绍 SAR 数据处理的流程和军事地质要素调查的一般性原则和方法，然后结合实例，分别对岩体、土体、构造和地质灾害等军事地质要素的调查方法及其军事应用进行介绍。

3.1　SAR数据预处理

根据应用需求的差异，需要从数据分发处拿到不同类型的SAR数据。这些数据在进行军事地质要素解译之前，可能需要进行包括成像、滤波、地理编码及彩色合成在内的预处理。本节将对常用SAR数据类型和数据预处理方式进行介绍，以满足后续的军事地质要素解译需求。

3.1.1　常用SAR数据

当前SAR数据较多，由于分发机构和应用目的不同，数据格式也不相同。一般情况下，从分发机构拿到的数据可以分为三类：原始数据（RAW格式），经过聚焦成像处理的一级数据（包括单视复相位数据和只有幅度信息的数据），以及进行了地理编码的产品。

1. 原始数据

原始数据，也被称为0级产品。SA传感器接收的地物反射回波数据，经过内定标、误差补偿等处理以后得到原始数据。原始数据存储了以时间序列排列的原始信号，并非图像数据（图3.1）。原始数据可以进一步加工成一级数据。

图3.1　ERS-2原始数据

2. 一级数据

一级数据是通过聚焦成像算法和定标数据生成的斜距产品，在数据存储时以时间序列进行存储。所以当数据采集时若卫星为下行轨道，则图像左右镜像；若为上行轨道，则图像上下镜像。根据保留的信息情况可分为两种产品。

1）SLC（single look complex，单视复数据）产品

SLC产品由原始数据经过内部辐射定标和聚焦处理以后得到的产品，其分辨率根据成像模式确定。SLC数据包含了实部和虚部信息，可以转换为幅度和相位信息（图3.2）。SLC数据用途广泛，可以用在诸如SAR图像定标、质量评价、海洋风场及海浪、干涉处理等领域。

2）幅度产品

幅度产品可以由原始数据在聚焦处理过程中仅保留幅度信息生成，也可以由SLC数据转化生成。幅度产品不包含相位信息，在幅度产品的基础上，可以通过多视处理（multi look），获得较低分辨率和斑点噪声的图像。

（a）幅度图像

（b）相位图像

图 3.2　ERS-2 SLC 数据

3. 地理编码产品

地理编码产品顾名思义是对一级数据进行处理，获得地距投影产品，并可以在此基础上将其投影到选定的椭球体上或者参考 DEM（digital elevation model，数字高程模型）上，获得具有地图投影的数据或图像（Kwoh，1995；Schreier et al.，1990）。

1）多视地距投影产品

将 SAR 数据通过多视处理和斜距到地距转换，生成的包含较少噪声且具有方形地面单元的产品。影像坐标仍然是以卫星的飞行方向和地面距离向作为方向。该产品影像的定位精度较低（图 3.3）。

2）地理编码椭球体产品

地理编码椭球体产品是将数据投影到一个相应的椭球体（如 WGS84 参考椭球体）的假定平均地面高程上获得的数据或影像产品。此时该产品仅仅做了椭球校正，由地形起伏引起的畸变没有被校正，在有巨大地形起伏的地区影像定位精度较差，如图 3.4 所示。

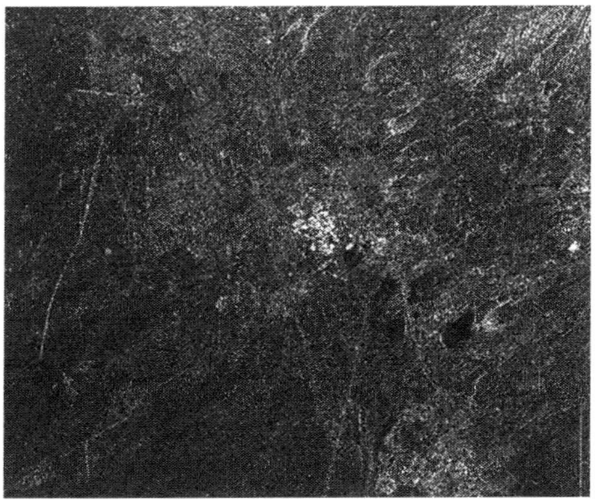
图 3.3　ESR-2 经过多视处理的地距投影产品影像（方位向 5 视，距离向 1 视）

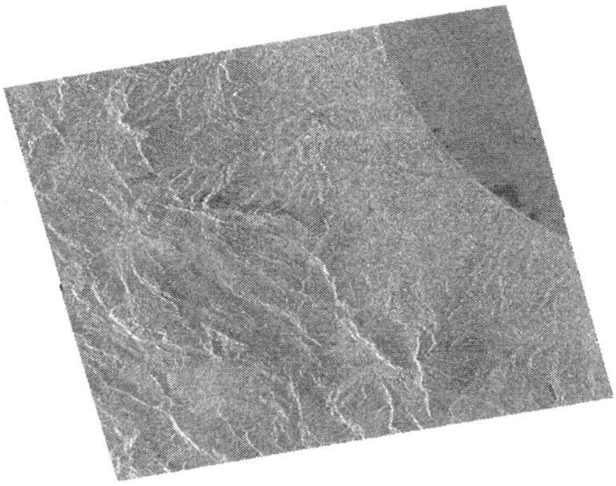
图 3.4　ENVISAT ASAR 地理编码椭球体产品影像（意大利某地）

3）地理编码地形纠正产品

地理编码地形纠正产品是将数据投影到一个相应的椭球体的 DEM 上获得的数据或影像产品（杨书成 等，2019；Jie，2006；Dierking，1999）。由于对地形高度变化引起的畸变使用 DEM 进行了校正，产品的定位精度最高。从图 3.5 中可以清晰地看出，山体的叠置掩映效应借助于外部 DEM，已经被消除。

图 3.5　ENVISAT ASAR 地理编码地形纠正产品影像（意大利某地）

在商业卫星数据产品中，产品类型是根据其供应商的处理结果进行的分类。例如 ALOS PALSAR 产品，通常分为未经处理的原始信号产品（LEVEL 1.0）、经过聚焦成像处理的单视复相位产品（LEVEL 1.1）和经过多视处理及地图投影（未采用 DEM 进行几何纠正）的产品（LEVEL 1.5），在具体的应用中需要根据实际情况选择合适的产品。

3.1.2　常规 SAR 数据处理流程

SAR 数据的处理，包括原始数据的聚焦处理、滤波处理、多视处理、地理编码和极化数据的彩色合成等。目前常用的商业软件（如 Gamma、SARScape 等）均包含了上述处理过程，而免费软件（如 Doris、ROI_PAC、StaMPS 及 SNAP 等）具有商业软件的大部分功能，但缺乏维护（Rosen et al.，2013）。因此在具体的数据处理过程中，可以根据实际需求选择合适的处理软件。若是从原始数据开始处理，可以选择 SARScape 软件或 ROI_PAC，若从 SLC 开始处理则可以选择 SNAP 软件。上述软件的处理结果都可以导入 ArcGIS 中进行展示。

1. 聚焦处理/成像处理

聚焦处理（成像处理）是 SAR 数据处理的基础。SAR 聚焦处理的过程就是把原始数据转换为影像数据，实现从数据空间到图像空间的转换，根据 SAR 的回波信号原理，直接进行二维处理，采用二维匹配滤波器对回波信号进行匹配处理，就可以完成二维处理。这种处理方式对目标的后向散射系数具有最佳的恢复能力，能够获得最佳的距离向分辨率和方位向分辨率。

目前经典的聚焦算法（成像算法）有 RD（range-Doppler，距离多普勒）算法、CS（Chirp Scaling）算法和波数域（$\omega-k$）算法。

2. 滤波处理

SAR 成像机理是相干成像，因此其图像中包含着固有的斑点噪声，简称为相干斑。除此之外，还在其信号获取、处理、传输过程中受到其他因素的影响而导致非相干性的高斯噪声。在单视幅度 SAR 影像中，其主要噪声仍然是斑点噪声，给后续的图像解译和应用（如边缘检测、图像分割、地物分类及目标识别等）带来极大的困难，因此对斑点噪音的抑制非常重要（张云 等，2010）。

SAR 图像的滤波方法主要有基于空间域的滤波方法和基于变换域的滤波方法。基于空间域的滤波方法本质上是以图像为处理对象，借助于各种平滑模板对图像进行卷积处理，达到压制或消除噪声的目的。基于空间域的滤波方法主要包括均值法、中值法、Lee 滤波、Frost 滤波、Gamma MAP 滤波等。基于变换域的滤波方法主要是将原始图像从图像域变换到其他域（如频率域），在变换域内进行滤波处理，然后再变换到图像域。目前常用的基于空间域的滤波方法主要是基于傅里叶变换的滤波和基于小波变换的滤波。图 3.6 展示了乌伦古河北部地区 1 m HH 极化的 SAR 图像进行基于 KSVD 字典学习的 SAR 图像滤波处理，降低了图像噪声。

（a）滤波处理前

（b）KSVD 的滤波处理后

图 3.6　滤波处理前后的 SAR 图像

3. 地理编码

在经过前期处理后的 SAR 数据，仍然处于斜距/零多普勒坐标系中。为了进行遥感解译，必须要对数据进行地理编码，将 SAR 数据转换到给定的地理参考坐标系上，获得具有地图投影格式的影像。目前，SAR 数据的地理编码主要有两种方法：雷达共线方程法和 RD 法。雷达共线方程法是在摄影测量技术基础上发展形成的，这种方法是根据简化雷达的处理方式建立 SAR 共线方程，它是对 SAR 影像的几何关系的一种近似的处理（Toutin，1992）。RD 法是根据 SAR 系统的成像参数以及遥感平台的星历数据，计算 SAR 影像中每一个点的地理坐标（Curlander，1982），Wivell 等（1992）在此基础上，结合 DEM 提出 SAR 影像进行地形校正和地理编码的方法（Sheng et al.，2005）。

一般情况下，为了获得具有精准地理坐标的 SAR 影像，需要借助外部 DEM 或地面控制点，通过 RD 法和模拟 SAR 影像，迭代计算实现地理编码。

4. 图像增强

在 SAR 影像中，由于数值差比较大，为更好地显示图像中的感兴趣特征，提高图像的可读性，需要对 SAR 影像进行增强处理（袁磊，2007）。SAR 图像增强一般包括空间域增强、变换域增强和相干性增强。

空间域增强，与传统的光学影像增强类似，是直接对图像的像元进行处理，以灰度映射变换为基础，进行灰度修正、图像平滑和锐化处理等。变换域增强是将图像从空间域转换到另外一种域（如频率域）中，对变换后的系数进行某种运算后，再反变换到空间域中以获得原来的增强图像，此类方式包括频域的低通滤波、高通滤波、小波域变换、多尺度几何分析等。图 3.7（a）为增强处理前的 SAR 图像，在经过增强处理后［图 3.7（b）］图像细节清晰可见。

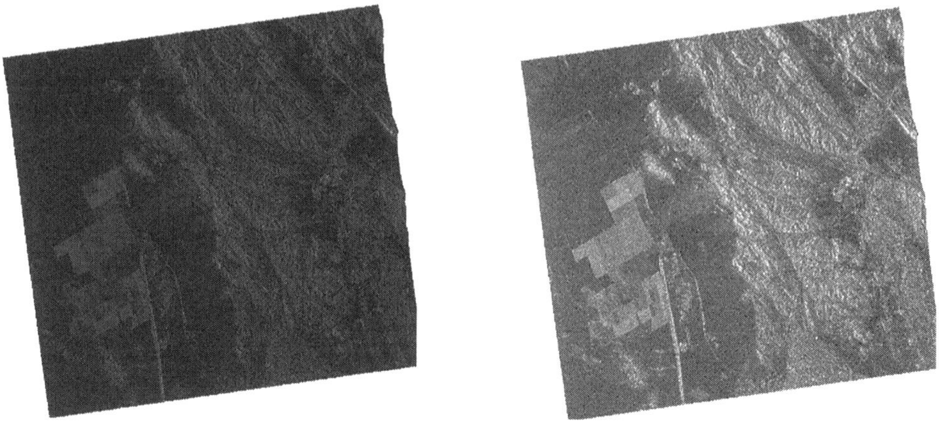

（a）增强处理前　（b）增强处理后

图 3.7　SAR 图像增强处理效果图

5. 极化 SAR 彩色合成

彩色处理可以适合人眼对彩色的高分辨特性，提高 SAR 图像的可读性。一般情况下，需要对多极化 SAR 数据进行彩色合成。这里既可以直接对全极化 SAR 数据按照不同的极化方式进行组合以实现 RGB 三色合成，也可以对全极化数据按照一定的模式进行极化分解，对其分量进行彩色合成。

图 3.8 展示了 ALOS PALSAR 全极化雷达数据中的 HH 极化模式下的灰度图像和以 HH/HV/VV 为组合得到的彩色合成图像，显然彩色合成图像具有更好的可视化效果。

（a）HH 极化灰度图

（b）HH/HV/VV 假彩色合成图

图 3.8　ALOS PALSAR 多极化雷达图像

但是在全极化雷达数据极化分解后进行合成时，每一种颜色具有不同的物理意义，需要结合极化分解方式进行判读。图 3.9 中，红色代表二面角散射分量，绿色代表体散射分量，蓝色代表表面散射分量。

图 3.9　RadarSAT-2 Freeman 分解图

3.2　军事地质要素 SAR 调查解译方法

由于 SAR 成像的特殊性和不同岩体、土体、水体等的散射特征的差异，在解译过程中，需要注重 SAR 图像的图型纹理结构特征及多极化组合后的色调特征，通过对图像特征的分析，实现军事地质要素的解译。

3.2.1 地质要素的散射特征

地质学是 SAR 应用的主要领域之一。与传统光学遥感影像不同，SAR 影像主要反映了地表地物的散射特征。地质体在雷达影像中的反射特征是电磁波与地质体相互作用的结果（谭衢霖 等，2003）。在雷达影像强度图上，其灰度值是对应地质体的雷达后向散射回波强度在图像上的反映。从传感器的角度雷达接收的信号功率可以表达为

$$P_r = \frac{P_t G^2 \lambda^2}{(4\pi)^3 R^4} e^0 A = k^{e^0} \tag{3.1}$$

式中：P_r 为雷达发射功率；G 为天线增益；λ 为雷达波长；R 为天线到地质体之间的距离；e^0 为后向散射系数，与地质体的物理特征参数（表面粗糙度、复介电常数）等相关；A 为目标地质体的雷达后向散射截面；k 为一个与雷达系统参数（波长、极化、发射功率、天线增益）及成像几何位置（入射角、天线到目标地质体的距离）有关的因子。在雷达系统参数及成像几何位置不变的情况下，雷达图像上的后向散射系数强度仅与目标地质体的物理特征参数—后向散射系数有关。

在岩体解译中，影响雷达图像后向散射强度的主要因素是岩石表面性质—表面粗糙度和复介电常数。表面粗糙度取决于表面结构行迹，如砂、砾和卵石的颗粒及风化碎屑。除未固结的砾石、砂和粘土外，表面粗糙度和岩性之间没有明确的固定关系。因此不同岩性的岩石可能有相同的雷达回波。这一点与光学遥感中的同谱异物具有相同之处。在雷达图像上识别岩性，需要综合利用岩石的地貌表现和风化特征。复介电常数是对表面物质电性的测量，它影响着物质吸收电磁波能量的能力，并影响了电磁波能量的反射率。物质的相对介电常数由实部和虚部组成，实部表示物质的介电常数，虚部表示物质的损耗因子。复介电常数在很大程度上取决于地质体表面物质的含水量，通常情况下，地质体的含水量较低，因此复介电常数的实部与岩石类型、结构、密度和岩石化学成分有关，而虚部的变化较小（谭衢霖 等，2002；Ulaby et al.，1992）。

由于长期的地表风化过程，不同岩体的地表几何形态及介电特性存在着很大的相似性，传统雷达图像上后向散射强度差别不大，以后向散射强度为主要探测因子的常规雷达遥感图像不利于岩性分类，但可以通过极化雷达数据的分解组合，以及雷达图像本身的纹理特征来实现岩体的识别。

3.2.2 军事地质要素 SAR 解译的基本原则

传统遥感解译的方法包括图像目视解译、信息增强提取及多源数据综合解译等多种方法。其中，目视解译仍然是今后一段时间内军事地质要素遥感解译的基本方法。在解译过程中，需要遵循以下的基本原则（薛重生 等，2011；谭衢霖 等，2002）。

1. 注重多源信息的综合利用

充分收集工作区已有的地质资料，通过不同比例尺、不同类型资料的综合分析，建立工作区初步的地质特征，为后续的军事地质要素解译提供参考。

2. 在充分理解地物的散射特征的基础上，充分利用计算机技术

应根据雷达图像的成像机理与地物散射特征，充分利用数字遥感图像处理与增强技术，制作色彩丰富、反差明显、清晰易辨的解译图像。结合典型岩体、土体等的图像特征解译经验进行军事地质要素解译。

3. 先局部后整体的解译原则

即在前期资料整理的基础上，结合低分辨率 SAR 数据进行解译工作，以获得工作区基础地质特征和岩土体的分布特征，然后结合高分辨率 SAR 影像，由宏观到微观、从总体到个别、从定性到定量，循序渐进，不断反馈和逐步深化，实现军事地质要素的解译。在解译的过程中，按照水体、土体、岩体的顺序进行解译，以提高解译效率。

4. 先易后难的解译原则

在解译过程中，首先解译把握较大的岩体、土体的界线，然后针对不确定的要素边界结合野外踏勘资料进行逐步解译，先易后难，逐步完成工作区军事地质要素解译。

3.2.3　军事地质要素 SAR 解译的方法

军事地质要素 SAR 解译方法与传统遥感解译方法相同，同样采用了直接、间接解译，利用对比法、推理法和综合法实现军事地质要素的解译（陈伟涛 等，2017）。同时解译者应具备一定的地质、遥感知识；其次对解译区的地质基础、构造格架、灾害地质、地形地貌和水文情况等要有粗略的了解。

1. 直接解译与间接解译

直接解译是根据岩土体的形态特征、散射特征在遥感影像上直接形成的影像特征和规律进行分析，建立图像解译标志，判断其边界并确定其属性的解译方法。

间接解译是根据与岩土体具有成因关系或位置关系的影像特征对岩土体进行的一种推断性解译方法。例如根据水体分布来判断区分土体和平静的水面。

2. 对比法

对比法的基本原则是依靠各种间接标志，从未知到已知，从特殊到一般进行综合比对分析。尤其是对沉积岩、变质岩及火山碎屑岩等的岩性解译更是如此。对比法的图像认知过程是参考并对比已知区的图像标志来确定未知区地质体的空间结构特征及其军事地质属性；或者与邻区解译程度较高的图像特征进行对比，将相邻地段同类型地质体的标志或图像结构特征引伸到本区进行对比分析。在应用过程中，尤其要注意不同入射角、不同季节等因素对图像的影响。

3. 推理法

推理法是经过概括、抽象、推理过程而获得规律的一种研究方法。演绎推理过程有两个前提，即大前提（概括性的一般原理）和小前提（对个别事物的判断）、根据两个前提之间的关系做出新判断（推理），得出结论。在地质遥感推理过程中，基于地学知识对图像特征的抽象概括过程可以决定对图像地质目标的属性判断，一般采用两类推理方式：①肯定式推理，由图像标志及邻区对比后所确定的目标属性；②否定式推理，即由图像特征及相关标志否定图像目标与邻区目标的不一致性。在运用图像特征和标志进行推理判决时，基于图像目标的空间推理过程存在特征相容和特征不相容两种形式。只要以可靠的原理、定理、公理为前提，经过正确演绎推理，就可得出新的命题来。当对图像中的地质目标难以识别时，运用对比法和推理法把该地质体的图像特征汇总起来，根据目标间的内在联系性，运用地质学理论及相关学科的理论进行逻辑推理，确定或推测其地质属性。

4. 综合法

利用地质对象的地球物理、地球化学、重力、放射性等物化特性，采用地学多元数据融合技术生成具有多属性的复合信息图像，用地质体的电磁辐射、物理、化学、岩石密度、放射性等多元物性信息的特征进行综合研究，该方法属于基于多学科证据来确定目标地质体属性的一种综合信息法。

在具体的解译过程中，需要根据实际需要采用合适的方法进行军事地质要素的解译，而不局限于一种或两种方法。

3.3　岩体要素 SAR 调查

3.3.1 岩体要素 SAR 识别机理

地球表面出露的岩体要素有沉积岩、喷出岩、侵入岩及变质岩四大类。不同的岩体类型具有不同的特征，甚至于同类岩体也会存在一定的物理化学成分差异，使岩石具有不同的介电常数。同时由于不同类型岩石的抗风化能力也不相同，出露地表的岩石经过长时间的风化、剥蚀作用，岩石表面呈现了各自复杂的几何形状和表面粗糙度，最终导致其散射特征具有明显差异，为 SAR 识别岩体提供了可能（谭衢霖，2009）。

1. 色调特征

色调特征是对岩体 SAR 回波信号经传感器记录的岩体的散射特征，它和岩体之间存在着一定的对应关系。通常情况下，传感器接收的回波信号越强烈，图像上的亮度越高。后向散射回波，与岩体的介电常数和地表的粗糙度相关。通常情况下，介电常数越大，后向散射系数越大，SAR 图像色调越亮；地表越粗糙，色调越亮。通过色调可以判断不同岩体的后向散射特性，根据岩体的后向散射特性的分析，可以识别岩体的类型和属性，因此色调是 SAR 影像最重要的解译标志。通常情况下，岩性主要从基性超基性岩→中性岩→酸性岩→沉积岩，岩石的介电常数逐渐减小，变质岩的介电常数的变化取决于原岩。

在单极化的微波影像上色调主要由不同的灰度特征组成。根据 SAR 影像上色调的差异，将色调特征分为以下 6 类。

1）亮色调

SAR 影像上的亮色调主要由强烈的后向散射引起。多数情况下，由于人工建筑物或天然岩体材料形成的天然角反射器，在雷达图像上表现出强回波信号而呈现高的亮度特征。比如干燥地区的石灰岩常常有块状破裂所形成的天然角反射器。

2）浅色调

主要是粗糙度较大的区域和介电常数较大的地物，后向散射系数较大，图像上呈现浅色调。

3）浅灰色调

浅色调中夹杂着灰色调，主要指粗糙度和介电常数相对较小的区域。

4）灰白色调

灰色调中夹杂浅色调，主要是地形较平缓的区域，介电常数在地质体中变化差别比较小。

5）灰黑色调

岩体风化严重，且地形起伏很小，平缓的表面使反射的后向回波减小，SAR 图像上呈现为灰黑色调。

6）黑色色调

接近于发生镜面反射，反射到雷达接收机的后向回波信号几乎为 0，地物后向回波信号几乎全部散射到其他方向。雷达影像上的黑色色调主要对应平静的水体等。

在 SAR 极化分解图像上，图像的亮度特征对应着不同物理意义的体散射、表面散射和二面角散射。这与单一的 SAR 图像有明显差异。

2. 纹理特征及几何形态

在 SAR 图像上识别岩体类型和分析岩体的属性，可以采用与传统光学遥感类似的方法，结合岩体的表面粗糙度、风化特点和岩体的几何形态、纹理特征等特征进行综合判读。岩体的粗糙度和介电常数决定了岩体在 SAR 图像上的色调，不同的岩体单元由于风化作用会形成不同的地貌形态，反映在雷达图像上则是不同的包括水系在内的纹理特征（Rudant et al., 1994）。

纹理可以宏观地反映大面积出露的某种地物。如花岗岩体和闪长岩体，由于物质成分差异导致其风化程度有一定的差异，在 SAR 影像上两种岩体表面的纹理差别比较大，根据纹理特征可以区分两种岩体。

几何形态是目标地物的轮廓在 SAR 影像上的构像，如为条带状的河流，圆形、椭圆形或纺锤状的侵入岩岩体，常见的纹理有：①条带状，主要有岩层层理构成的条带状影纹，如地层部分的条带状纹理；②树枝状，如花岗岩体表面的纹理，主要由冲沟、山脊及山包形成；③斑块状，如闪长岩体。

在具体的解译过程中，需要综合岩体的纹理特征和几何特征进行分析。例如，喀斯特地貌是潮湿地区石灰岩和白云石岩的主要解译依据，这种地貌的雷达图像特征是干草堆形或丘形。在丘形特征的喀斯特地貌中，没有水系图型，只有因圆形类岩孔中可能有的积水形成无回波的圆点。基于不同的地貌特征可以对岩石的类型做出判别。

3. 水系特征

由不同级别的沟谷和不同形态的山体所组成的“水系格架”是遥感地质解译的主要标志之一。水系是指一定范围内多级水道和冲沟组成的水文网。遥感解译中水系的级别划分是由小到大进行的，最小的一条支流为第一级，支流与支流汇合后，级别为前面两条支流级别的代数和。水系在平面上的展布形式极为复杂多样，展布的特点与岩性、岩层产状、地形、构造甚至隐伏的构造密切相关，因此可以通过水系分析识别区分岩性及构造。通常在进行水系分析时，可以从水系的密度和水系的展布特点（或水系类型）两方面进行分析。

1）水系密度

水系密度指一定范围内各级水道的数量或相邻两条同级水道之间的间隔。定性的将水系密度分为密度大（密集）、密度中等、密度小（稀疏）3 级，具体如图 3.10 所示。水系的密度与岩石的透水性能有关，透水性好的岩石如砂岩、砾岩、片麻岩等分布区，地表径流不发育，形成密度小的水系；透水性差的岩石如泥岩、页岩、黏土分布区，地表径流发育，水道密集，形成密度大的水系；透水性介于上述两者之间的岩石区，发育中等密度的水系。因此，根据水系密度的分析可解译不同的岩体类型。

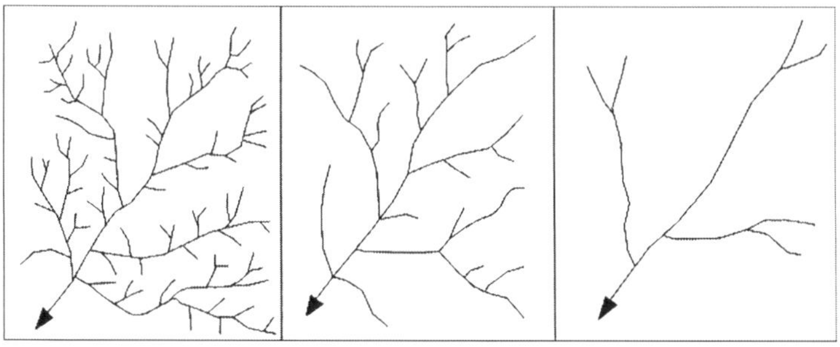

（a）密度大　　（b）密度中等　　（c）密度小

图 3.10　水系密度特征

2）水系类型

水系类型指水系在平面上的展布图形。地表水系在其发育过程中受岩石及构造条件制约和控制，在遥感解译过程中，水系类型和样式可以作为构造形迹及岩石类型的直接或间接解译标志。

（1）树枝状水系。

树枝状水系是最常见的水系类型，图形呈树枝状，各级水道与沟谷自由发展无明显方向性，主、支流多以锐角汇合，平面形状如树枝分叉。这种类型的水系往往发育在岩性均一、岩层产状平缓、构造简单的地区。在砂岩、砾岩、花岗岩、片麻岩分布区常形成稀疏的树枝状水系，在泥岩、页岩、黄土分布区常形成密集的树枝状水系。树枝状水系中有一些特征性水系。

①钳状沟头树枝状水系。

平面形状为树枝状，但一级冲沟成对出现，沟头相对弯曲，在其交汇处形成虎钳状称为钳状沟头树枝状水系，这种水系形式多见于酸性侵入岩发育区及我国南方中新代砂砾岩分布区。其成因是节理发育的块状岩石经风化侵蚀而成的。

②羽毛状树枝状水系。

总体呈树枝状，但一级或二级水道发育，平行排列与主沟呈锐角或近直角相交，平面形状类似于鸟的羽毛，故称羽毛状树枝状水系。在黄土高原发育此类型水系，在泥质含量很高的粉砂岩、片麻岩分布区亦可形成此类型水系。当支沟与主沟近于直角相交时又可称为梳状水系。

③蠕虫状树枝状水系。

水系总体呈树枝状，一级支谷分布较均匀且弯曲形似蠕虫，故称蠕虫状树枝状水系。我国西南地区二叠纪峨眉玄武岩分布区发育此类型水系。

（2）放射状、向心状、环状水系。

水系从某一中心流向四周为放射状水系；从四周流向某一中心为向心状水系；围绕某一中心呈环形展布的为环状水系。这些类型的水系严格受构造控制，放射状水系多发育在火山锥和穹隆构造区、新构造隆起区；向心状水系多发育在构造盆地、局部沉降区等；环状水系多发育在岩体内沿环状节理发育，或者穹隆构造上沿岩层层理、片理或片麻理、环形节理形成环状水系。

另外，平行状水系和格子状水系一般受地形和构造的控制。因此，雷达岩性识别的基础是在同一风化环境中，含水量高低基本相似的情况下，不同性质岩石具有不同的物理化学性质，使得其抗风化能力有所差异，形成的风化物颗粒大小、节理方向均有所区别，导致不同的地表粗糙度，在雷达影像上表现为色调差异。同时需要结合岩体的几何形态、纹理特征及水系特征进行综合判读。

3.3.2 沉积岩类 SAR 调查

沉积岩类是在地表不太深的地方，将其他类型岩石的风化物质和一些火山喷发物质，经过水流和冰川的搬运、沉积和成岩作用形成的岩石（杨伦 等，1998）。在沉积岩类中，根据岩性的差异，将其分为碳酸盐岩类、砾岩类、砂岩类和泥岩等。

沉积岩的主要构造特征是成层性，称为层理。层理是沉积作用中物质成分、颗粒大小、矿物颜色、结构构造的自然分异过程而形成的成层构造。沉积岩具有条带状、条纹状、条带夹条纹状，这些条带、条纹影像受构造和河流切割影响会发生变化。

由于沉积岩的介电常数较低，在 SAR 影像上呈现较低的色调。结合其带状几何特征、水系特征进行综合判读。

1. 碳酸盐岩

碳酸盐岩包括灰岩、白云岩、白云质灰岩等。其中灰岩的化学成分主要为碳酸钙，矿物成分以结晶的细粒方解石为主，含少量白云石等矿物；具可溶性，易被地下水溶蚀，形成宽大的裂隙和溶洞。白云岩的矿物成分主要以白云石为主，常混入石英、长石、方解石和黏土矿物，其水溶性与灰岩类似。

碳酸盐岩是沉积岩的主要岩石类型。常见的岩体有石灰岩和白云岩，其特点是分布面积大、岩石可用性大，对军事活动具有重要的影响。碳酸盐岩区在地表水及地下水流的溶蚀、侵蚀以及重力崩落、塌陷等作用下形成喀斯特地貌。通过对喀斯特地貌类型及其纹理特征的分析实现对碳酸盐岩岩体的解译。

不同气候条件下，碳酸盐岩的地貌形态有较大差异。但无论在南方还是北方，地表水系较少，色调比较均匀，层理不明显，是所有碳酸盐岩的特点。

碳酸盐岩在南方常构成独特的喀斯特地貌，如深切的狭谷、尖锐的山脊以及残丘、峰林、溶蚀洼地、漏斗、落水洞、暗河等。这些地貌形态成为解译碳酸盐岩的重要标志。在中等比例尺的 SAR 图像上，一般显示的是岩溶地貌形态组合特征，多形成图像纹理结构类型。但是如果 SAR 影像入射角过高，未地理编码的图像中透视收缩、叠掩和阴影会造成解译困难。图 3.11 为某地碳酸盐岩区 PALSAR L 波段雷达影像。

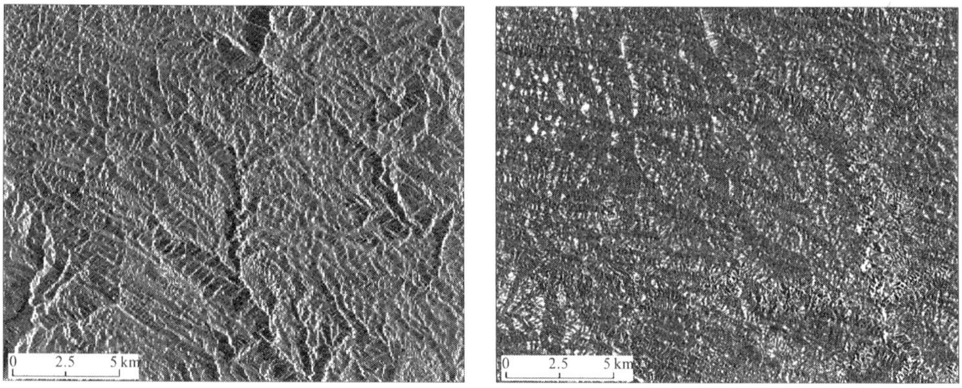

(a) 未经地理编码　　(b) 地理编码后

图 3.11　某地碳酸盐岩区 PALSAR L 波段雷达影像

北方的碳酸盐岩，其岩石裸露程度高，地形为石芽和溶沟微地貌组合形态，岩石表面结构粗糙。当碳酸盐岩层理发育且出露良好时，图像上具明显的条纹条带图形结构。厚层石灰岩或白云质灰岩、硅质灰岩经常组成正地形，为陡坡或险峰，在断裂地带往往形成陡崖。泥质灰岩一般形成缓坡或浑圆状低山丘陵。在单面山地区，泥质灰岩也可形成线性沟谷或低洼地形，但是过于陡峭的山体可能会增加 SAR 解译的难度。

图 3.12 为某地碳酸盐岩区 PALSAR L 波段影像（HH 极化，FBS 模式，成像于 2008 年 2 月 23 日）。在未进行地理编码的影像上，碳酸盐岩区域地形切割严重，叠掩现象比较突出，但是从密集的透视收缩现象上可以发现其明显的网状特征；而在地理编码后的影像上，由于对阴影区的填充，影像具有密集的网状特征。

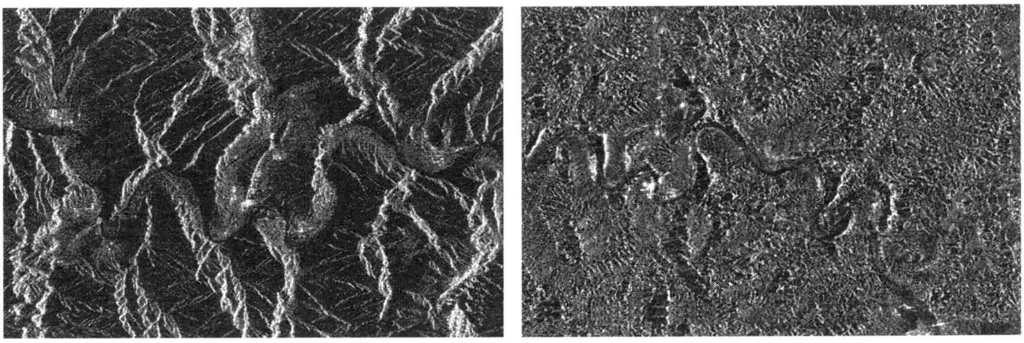

（a）未经地理编码　　（b）地理编码后

图 3.12　某地碳酸盐岩区 PALSAR L 波段影像

碳酸盐岩类抗压强度为 29～245 MPa，具有较好的抗打击能力，但不利于地表和浅地表工事构筑；地下溶洞和暗河的存在便于利用天然洞穴进行地下临时工事构筑；在热带和亚热带地区，碳酸盐岩区地形较为复杂，导致路线拉长，不利于部队的越野机动和集结；在北方干旱区，风化后的碎石坚硬，边缘锋利，不利于轮式车辆的越野机动。

2. 砾岩

砾岩由 50%以上直径大于 2 mm 的碎屑颗粒组成，其中由磨圆度较好的砾石、卵石胶结而成的称为砾岩，由带棱角的角砾石、碎石胶结而成的称为角砾岩。

砾岩地表粗糙度高，图像为深色调。地形起伏较大，可形成陡崖或山峰，地表水系不发育。大面积出露的砾岩在图像上可形成斑点状、斑块状等不均匀图型特征。

图 3.13 为某地砾岩 ALOS PALSAR L 波段影像，图中中部为砾岩，右侧主要为钙质砂岩、细砂岩，左侧为灰岩、白云岩等。

砾岩类对军事活动的影响与砾岩中历史的成分和胶结物有较大的关系（陈伟涛 等，2017）。当砾岩原岩坚硬且磨圆、胶结较好时，有利于部队的越野机动；当原岩较软或胶结较差时，风化较为严重，不利于部队的越野机动。当砾岩胶结物为硅质时，岩体强度较高，抗风化能力强；当胶结物为铁质时，岩体强度高但容易风化；当胶结物为钙质时，岩体强度较高但具有一定的溶解性。此类强度较高的岩体有利于地下工事的构筑。但是当胶结物为泥质或黏土质时，岩体强度较低，有利于地表和浅地表工事构筑，但不利于地下工事构筑。

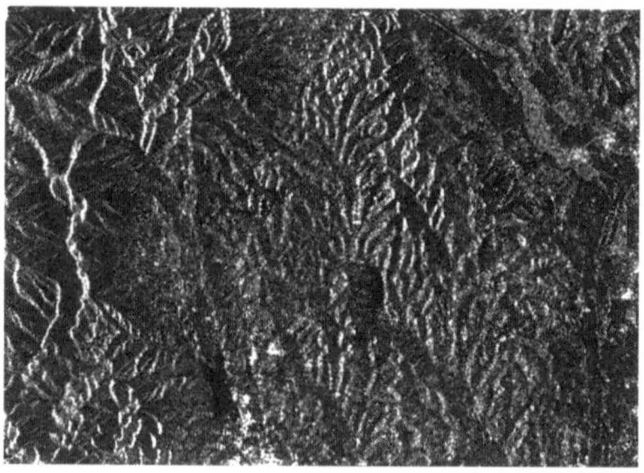

（a）HH 极化影像

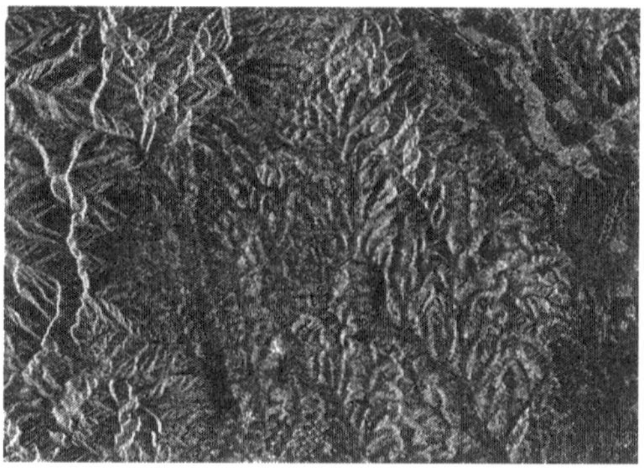

（b）R（HH）、G（HV）、B（HH/HV）假彩色图像

图 3.13　某地砾岩 ALOS PALSAR L 波段影像

3. 砂岩

砂岩类含砂岩及粉砂岩，其中砂岩是指主要由 0.05～2.00 mm 粒径的砂粒胶结而成的细粒碎屑岩，其中砂粒含量最高大于 50%。粉砂岩指由粒径为 0.003 9～0.062 5 mm 的粉砂碎屑胶结而成，且粉砂的含量占 50%以上的一种碎屑沉积岩，岩石抗压强度一般弱于砂岩。

薄层软质砂岩一般组成缓坡、低岗、平台等微地貌形态；硬质中厚层砂岩一般构成陡坎或陡坡；倾斜砂岩层构成“V”字形的“岩层三角面”图形特征。一般泥质或钙质胶结的砂岩多构成浑圆状、垄岗状或次尖棱角状地貌；铁质或硅质胶结的砂岩多呈次尖棱状和尖棱状的陡峻地貌，部分呈低陡坎；钙质胶结的砂岩在陡壁上往往形成许多石窟、石檐和陡坎。在干旱区，当砂页岩互层时，受风力侵蚀，软弱的页岩被吹走，砂岩则构成长垣状、链状或丘岗状地貌。图 3.14 为某地砾岩 ALOS PALSAR L 波段影像。

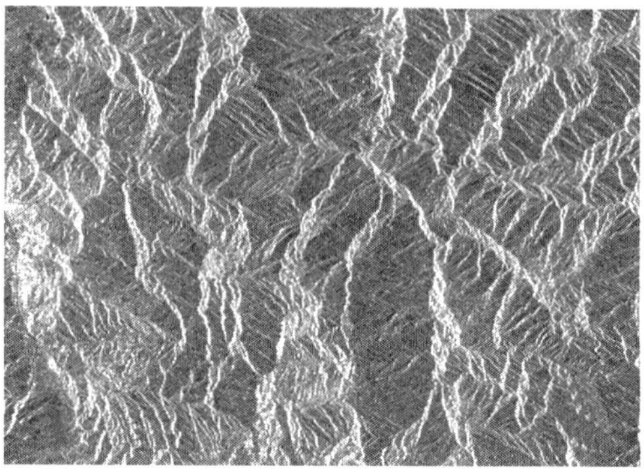

（a）HH 极化影像

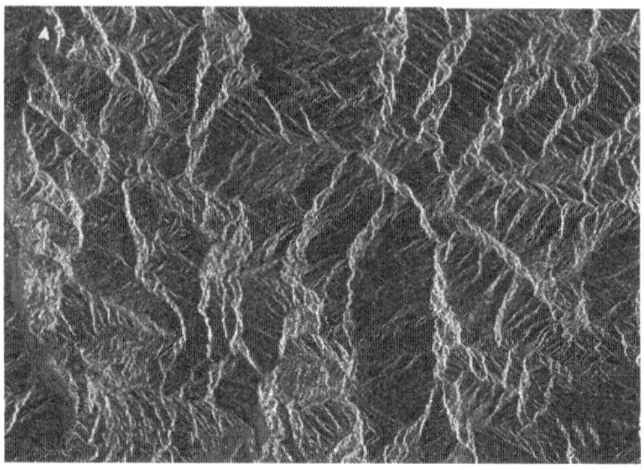

（b）R（HH）、G（HV）、B（HH/HV）组合假彩色图像

图 3.14　某地砾岩 ALOS PALSAR L 波段影像

砂岩抗压强度为 20～196 MPa。砂岩、粉砂岩因岩石硬度较高，一般情况下风化程度低，完整性较好，所以适合越野机动，且具有较好的抗打击能力，适合构筑地表及地下工事。

4. 泥质岩

泥质岩包括泥岩、黏土岩、页岩等。因沉积盆地及沉积环境的不同，泥质岩有白、灰白、灰、黄、绿、红褐、棕等多种颜色。泥质岩结构构造有胶状、豆状、鲕粒状和鳞片状、毡状、格子状等。泥质岩的矿物成分主要有黏土矿物、碎屑矿物，混合胶结物有铁质、锰质、钙质等。

泥质岩与粉砂质岩石互层并具有相似的图像特征和标志，在基岩裸露区的图像图形特征为细条纹图像纹理结构。泥质岩类为软岩石类型，地貌形态为缓坡或相对低洼的负地形，形成山脊的鞍部或顺岩层走向的冲沟谷地。泥质岩的透水性极差，地表水系密度较大，冲沟及切沟非常发育，其水系样式为密集羽状–树枝状水系。在地质上，泥岩出露多呈较窄的条带状，或者与其他岩体呈夹层状出露。图 3.15 为某地 ALOS PALSAR L 波段影像，采用 R（HH）、G（HV）、B（HH/HV）组合的假彩色图像，图中包含了砾岩、砂岩、泥岩等沉积岩类。

图 3.15　某地泥质岩 ALOS PALSAR L 波段影像

1.砾岩；2.中细粒砾岩、砂岩；3.中厚层状砾岩、砂岩、泥岩互层；4.泥岩夹细砂岩；5.泥岩夹砂岩、砾岩；6.泥岩、砂岩；7.泥岩夹粉砂岩

泥质岩抗压强度一般为 10～17 MPa，属于软弱岩石。在军事应用中，泥岩岩体抗物理风化和化学风化能力较弱，风化程度较高，完整性差。因此干燥条件下适合越野机动，但在湿润条件或雨后黏性大，且容易湿陷，不适合越野机动；同时适合浅地表工事构筑，不适合地表及地下工事的构筑，抗打击能力较弱。

3.3.3　侵入岩类 SAR 调查

侵入岩类主要是液态岩浆在上侵作用下灌入不同期形成的构造空腔内，在深处结晶和冷凝而形成的火成岩，分为岩基、岩株、岩枝和岩脉（杨伦 等，1998）。侵入岩类包括花岗岩及闪长岩类、辉绿岩及辉长岩类两类。

岩浆岩与围岩之间一般都有明显的岩性接触界限，在遥感图像上即可直观地观测到二者之间的侵入接触关系。侵入岩体在遥感图像上的构图形态主要有圆形、椭圆形、环形、似长方形、透镜状、串珠状、分枝状、不规则块状、脉状等。侵入岩的解译标志主要有：①同一种岩性的岩浆岩，相对于周围的围岩总是具有比较均一的反射特征；②大型侵入体多为浑圆形或不规则边缘的团块状，中、小型侵入体多数呈椭圆形、透镜状和串珠状；③岩浆岩中的侵入岩往往由于和周围岩石抗风化能力不一致，常形成穹窿状的正地形或侵入体轮廓大致相同的负地形；④裂隙比较发育，具有独特的、较规则的原生裂隙，如放射状、柱状、同心状等裂隙系；⑤水系多为树枝状、放射状、直角状，末级支流常成钳状。

1. 花岗岩及闪长岩类

花岗岩属于酸性岩浆岩（SiO_2 含量＞66%）中的侵入岩花岗岩类，石英含量为 20%～50%，少数可达到 50%～60%。主要矿物为石英、钾长石和酸性斜长石，次要矿物则为黑云母、角闪石。闪长岩类是中性侵入岩，主要由斜长石（中－更长石）和一种或几种暗色矿物组成，后者总量一般为 20%～35%。不含或仅含少量的钾长石，一般不超过长石总量的 10%；不含或含极少量石英。

在遥感图像上，它们的图形特征却都具有团块状、圆形或其他不规则封闭性图形等基本图像标志。花岗岩岩基多为不规则的块状图像，块状体沿一个或两个方向上延伸，出露面积较大。裸露的岩体具有相同的色调，分布均匀，或受地表环境影响呈不均匀的斑状分布特点。地表水系类型及样式取决于花岗岩基所处的构造单元和地理环境，一般多见为树枝状水系。

图 3.16 为某地花岗闪长岩岩体 SAR 影像，图中的 2 个花岗闪长岩岩体呈现出圆形特征，其地貌与水系特征与周边岩体有明显的区别。图 3.17 为某地花岗岩及闪长岩岩体 SAR 影像，图中不同的数字代表了不同岩性单元。

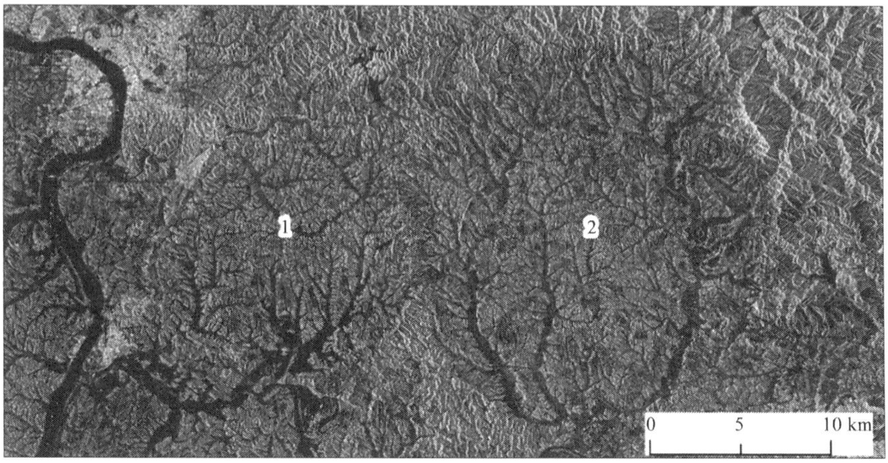

图 3.16　某地花岗闪长岩岩体 SAR 影像（L 波段，HH、HV、HH/HV 组合）

图中 1，2 分别代表左右两个岩体

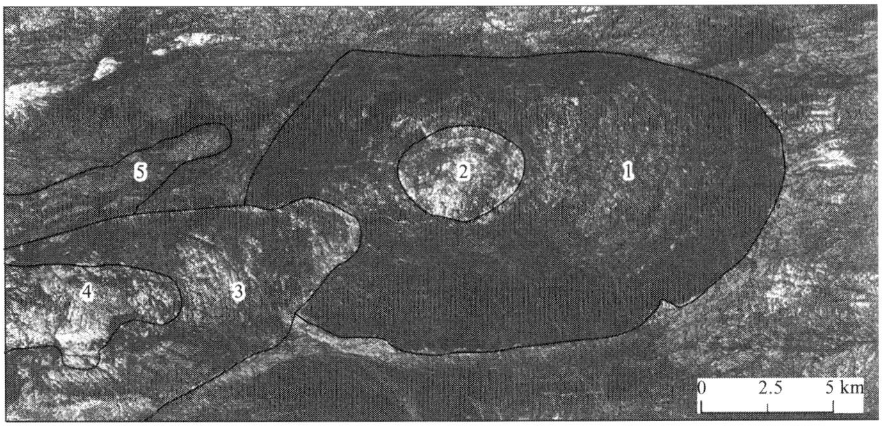

图 3.17　某地花岗岩及闪长岩岩体 SAR 影像（L 波段，HH、HV、HH/HV 组合）

1.中细粒花岗闪长岩；2.中粒二长花岗岩；3.斑状二长花岗岩；4.黑云二长花岗岩；5.中细粒二长花岗岩

在花岗岩中，注意粗粒花岗岩及黑云母花岗岩的易风化特征对地表工事修建的影响。一般情况下这两类花岗岩容易风化，地表堆积较厚的风化层有利于地表、浅地表工事的构建。

花岗岩及闪长岩类的岩石抗压强度为 98～294 MPa。通常情况下，花岗岩、闪长岩类岩体质地坚硬，抗风化能力较强，且新鲜岩石完整程度高，适合地面部队的越野机动，对地表和地下工事构筑较为有利，多数重要永备工事多修建于此类岩体中，此类岩体具有较强的抗打击效果。

2. 辉绿岩及辉长岩类

辉绿岩是基性浅成侵入岩，新鲜露头的颜色为暗绿色或黑色。辉绿结构或次辉绿结构，矿物成分以斜长石和辉石为主，还可有少量橄榄石、黑云母、石英等。辉长岩是基性深成侵入岩，多为黑色、灰黑色、深灰色，中粗粒半自形粒状结构，主要由含量基本相等的单斜辉石和斜长石组成。在雷达影像上直接判读较为困难，一般需要结合光学影像进行综合解译。

图 3.18 为某地辉长岩及变质橄榄岩 SAR 影像，辉长岩被第四系掩盖，在变质橄榄岩岩体西北部有少量的出露。在影像上，辉长岩具有相对光滑的纹理特征，且色调比周边第四系土体高。

辉绿岩及辉长岩类的岩石抗压强度为 177～294 MPa。辉绿岩及辉长岩类岩石具有较高的硬度等级，因此其抗打击能力较强，适合地表及地下构工。在此类岩体区域，岩石风化后形成的碎石对轮胎有一定的伤害，且地形复杂，地面部队的越野通行能力受到一定的限制。

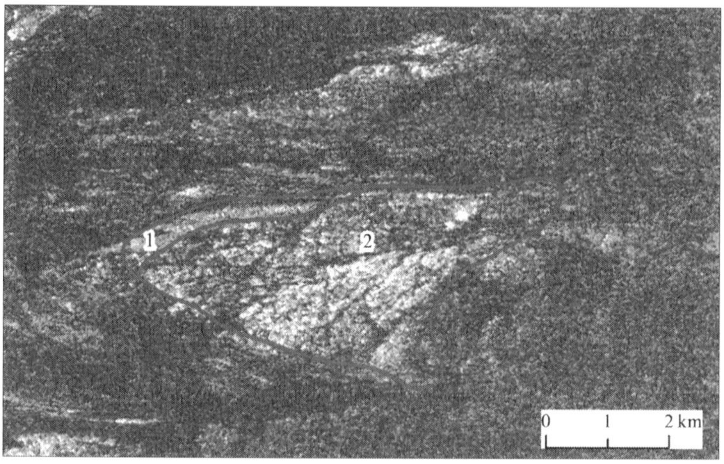

图3.18　某地辉长岩及变质橄榄岩SAR影像（L波段，HH、HV、HH/HV组合）
1.辉长岩；2.变质橄榄岩

3.3.4　喷出岩类SAR调查

喷出岩类是火山作用喷出的岩浆经冷却、成岩和压实作用形成的岩石，分为熔岩和火山碎屑岩两大类。主要包括流纹岩、安山岩、玄武岩及火山碎屑岩类。新生代形成的火山岩地貌景观保存完好，在各种类型的遥感图像上都具有明显标志，如火山锥、火口湖和堰塞湖、熔岩流的绳状、叠瓦状、蛇状、被状、波状和弧形皱纹状等熔岩流微地貌景观。

喷出岩因抗风化能力强，大都构成凸起的正地形。火山碎屑岩的岩相多变，其判释标志的规律较难掌握，但火山熔岩还是有其独特的判释标志，如地形上多呈火山机构、熔岩垄岗、桌状山、熔岩被、舌状熔岩流、熔岩穹丘及火山熔岩被破坏后形成的平台、陡壁、猪背岭等。熔岩形状往往受其下方的古地形的控制。表面影像多呈绳状流动、海绵结构、熔渣结构以及熔岩的冷凝裂隙等。当喷出岩覆盖面积较大时，常形成熔岩高原，若系多层喷发，则多形成阶梯状高原；倾斜构造中的喷出岩露头，常形成猪背岭式的地形，呈陡的猪背岭式的峻岩陡坎；复杂的褶皱构造中的喷出岩，因其与围岩的色调有所差异，且地貌上也截然不同，常可以起追溯构造及标准层的作用。

1. 流纹岩

流纹岩指酸性喷出岩，其化学成分与花岗岩相同，由于形成时冷却速度较快使矿物来不及结晶，SiO_2含量大于69%，其斑晶主要由钾长石和石英组成，有斑状结构和流纹状结构。流纹岩露头颜色一般较浅，大多是灰、灰白、浅红、浅黄褐等颜色。

图3.19及图3.20分别展示了某地流纹岩在C波段及L波段SAR影像上的特征。

流纹岩性质坚硬，强度较高，岩石抗压强度为98～245 MPa，但是流纹岩垂直和水平方向上的力学强度变化较大，在一定条件下可成为岩组中相对软弱的夹层，导致岩体稳定性降低。

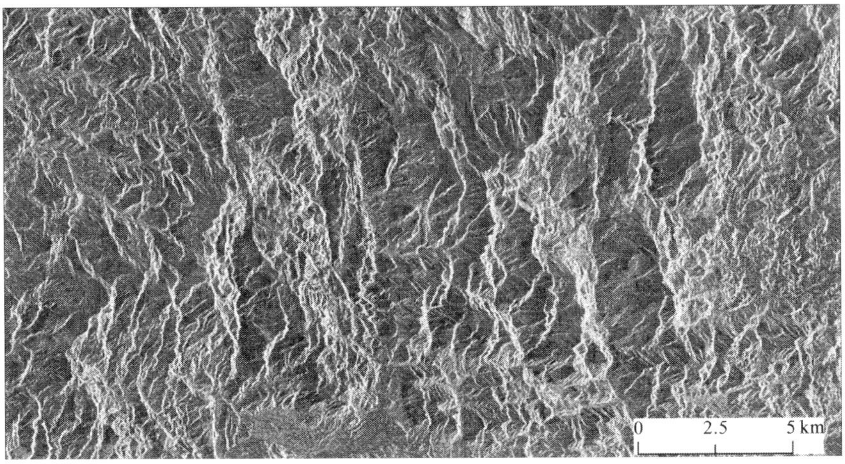

图 3.19　某地流纹岩 SAR 影像（C 波段，HH、HV、HH/HV 组合）

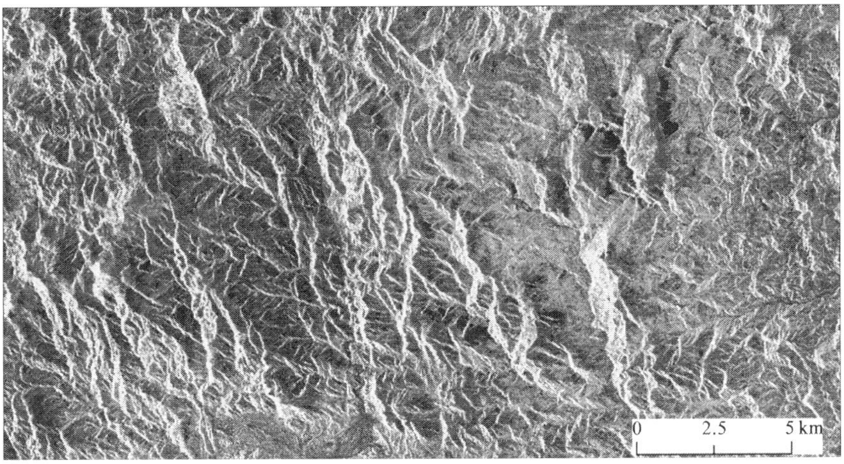

图 3.20　某地流纹岩 SAR 影像（L 波段，HH、HV、HH/HV 组合，升轨）

流纹岩抗压能力强，硬度等级高，抗打击能力强，岩石的承载力比较大，适合越野机动通行，同时适合地表及地下工事构筑。

2. 安山岩

安山岩是岩浆岩中分布较广的中性喷出岩，成分相当于闪长岩。呈深灰、浅玫瑰、暗褐等颜色。斑状结构，斑晶主要为斜长石，有时为角闪石或辉石。基质为隐晶质或玻璃质，可具有气孔状或杏仁状构造，有不规则的板状或柱状原生节理。安山岩和玄武岩之间往往呈现过渡关系，在产状上也常共生。

安山岩基岩裸露，植被较少，影像一般呈灰白色、深灰色，岩质坚硬，山脊呈锯齿状，沟谷深切，山坡陡峭，可见峻岩、陡壁，水系呈树枝羽毛状，构成中高山地貌。

图 3.21 中，安山岩及安山质英安岩表面均比较光滑，与周边的玄武岩类呈现明显的区别。

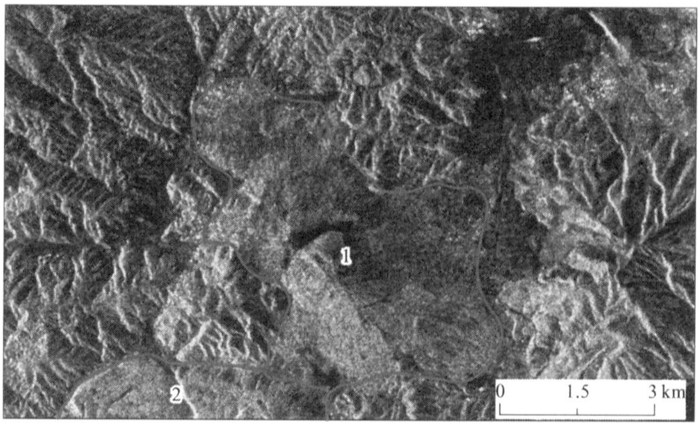

图 3.21　某地安山岩类 SAR 影像

1.安山岩；2.安山质英安岩

与流纹岩类似，安山岩抗打击能力强，岩石抗压强度为 100～250 MPa。适合越野机动通行。安山岩发育有不规则的板状或柱状原生节理，不适合地下工事构筑，但可以进行地表工事构筑。

3. 玄武岩

玄武岩是岩浆岩中分布广泛的基性喷出岩。其化学成分与辉长岩或辉绿岩相似，S 虹含量变化于 45%～52%，岩石呈黑色、褐色或深灰色。主要矿物成分由基性长石和辉石组成，次要矿物有橄榄石、角闪石及黑云母等。具有气孔构造，当气孔被方解石、绿泥石等所充填时，即构成杏仁构造。

玄武岩呈大面积岩盖填充于河谷低处，一般随着原始地形起伏，熔岩流厚度及后期的切割的不同而形成平坦地貌或山地。在强烈侵蚀的厚层玄武岩区内，节理发育，常常构成陡峻地形或悬崖陡壁。

图 3.22 及图 3.23 分别展示了同一地区玄武岩在 C 波段及 L 波段影像上的特征。

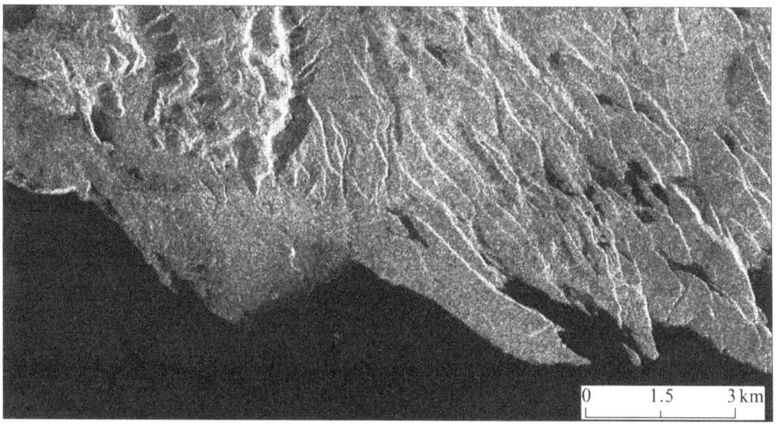

图 3.22　某地玄武岩 SAR 影像（C 波段，HH、HV、HH/HV 组合）

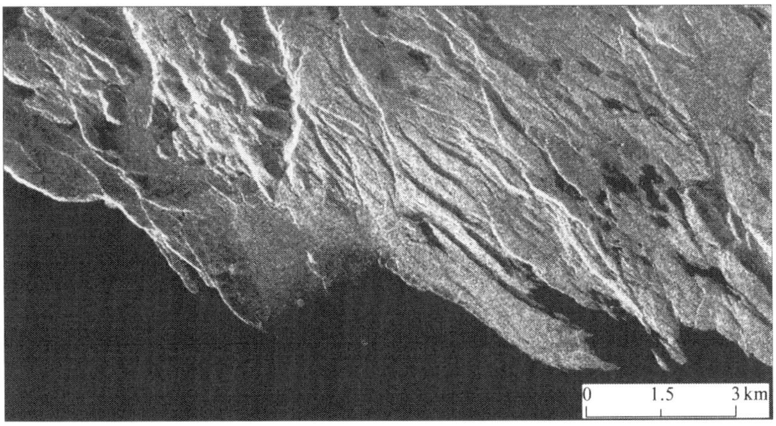

图 3.23　某地玄武岩 SAR 影像（L 波段，HH、HV、HH/HV 组合）

图 3.24 为沙特阿拉伯玄武岩火山口与流纹岩火山口的 L 波段 SAR 影像。影像上部为阿尔齐答山不同年代喷溢的基性岩火山口及黑色玄武熔岩形成的绳索状熔岩流，在假彩色组合影像上呈现较亮的色调；图像下部为流纹质酸性火山口群及较深色调的流纹岩环状锥形山地貌。

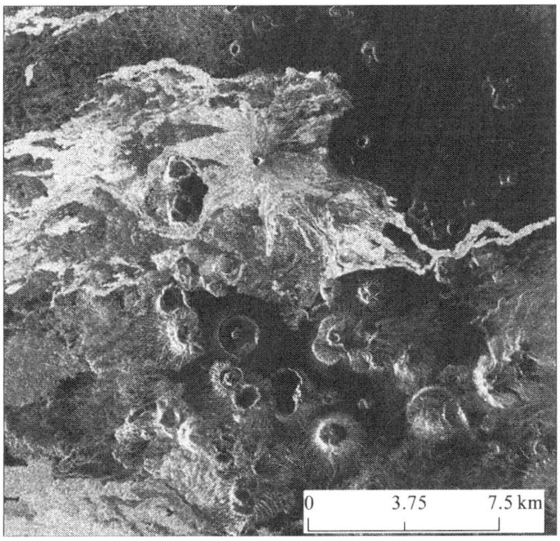

图 3.24　沙特阿拉伯地区玄武岩火山口及流纹岩火山口 SAR 影像（L 波段，HH、HV、HH/HV 组合）

玄武岩类抗压强度为 150～294 MPa，属于坚硬岩类。但是由于玄武岩可能多期次的喷发，整体结构面较为复杂，有时发育有柱状节理，不利于地下工事的构筑，但可以进行地表和浅地表工事构筑。玄武岩类的岩石承载力比较大，有利于越野机动通行。

4. 火山碎屑岩类

火山碎屑岩类是介于岩浆熔岩和沉积岩之间的过渡类型的岩石，其中火山碎屑物质的含量占 90%以上。火山碎屑岩分为粗碎屑岩和凝灰岩两大类。粗碎屑岩如火山集块岩和火山角砾岩，多分布在火山口附近，具有不规则的似层状、块状构造特征。坚硬的火山碎屑岩不易风化，基岩裸露较好，呈陡壁和深切峡谷地貌景观，由于与上覆和下伏岩系之间的微地貌差异具有较清晰的图像标志，可依据图像差异特征进行地层划分（薛重生 等，2011）。凝灰岩岩石成层性好，其图像特征与细砂岩、粉砂岩和黏土岩类相近。其突出的标志是具有层理纹线结构特征，其L波段SAR影像如图3.25所示。

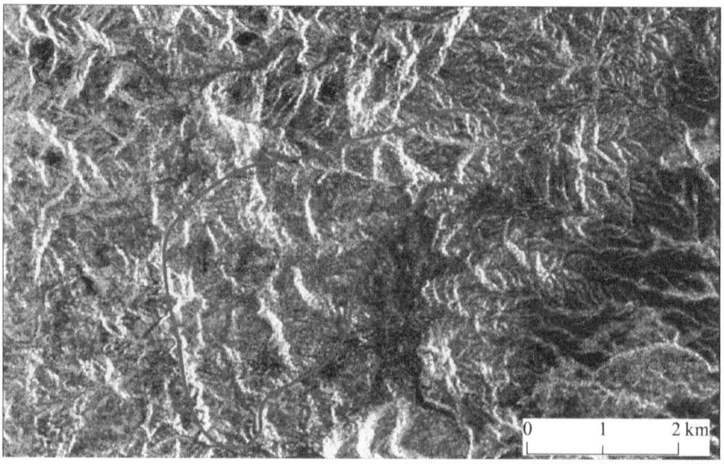

图3.25　某地火山碎屑岩SAR影像（L波段，HH、HV、HH/HV组合）

火山碎屑岩类的岩石抗压强度在 10.9～56.0 MPa，部分凝灰岩的抗压强度可以达到167 MPa。岩体容易风化，风化后锤击易碎。火山碎屑岩硬度中等，适合地表、浅地表及地下构工。在越野通行方面，凝灰岩区域具有较好的通行能力，火山集块岩及火山角砾岩区域通行能力会受到一定的影响。

3.3.5　变质岩类SAR调查

变质岩类是指已形成的岩石受地球内部力（温度、压力、应力）的改造而形成的新型岩石。变质岩是从沉积岩或岩浆岩经变质作用而形成的，按原岩类型可分为由沉积岩变质的负变质岩和由岩浆岩变质的正变质岩；按变质作用类型可分为区域变质岩、接触变质岩和动力变质岩；按变质程度可分为低级变质岩、中级变质岩和高级变质岩。变质级别越高，变质程度越深。如沉积岩的黏土质岩石的低级变质形成板岩；中级变质形成云母片岩；高级变质形成片麻岩。在遥感影像上，正变质岩具有岩浆岩的某些影像特征，副变质岩则具有沉积岩的某些影像特征。随着变质程度的加深，其原岩的影像特征就变得越来越不明显，对变质岩的识别和划分能力也越来越小。

不同类型的变质岩具有不同的影像特征。正变质岩在遥感影像上的构图特征既具有岩浆岩的图形结构，又具有变质作用形成的构造面理影像结构。例如在侵入岩体残缺的环块状图形背景上又叠加了条带状、线纹或肠状纹理结构，这些影像线理结构具有较明显的方向性，并与围岩的构造线理方向基本一致。负变质岩在遥感影像上主要表现为成层岩层的图形结构特征，呈断续延伸的条纹条带状图案结构。当变质岩的构造面理与原岩层理一致时，常见有似层状、透镜状、肠状的深浅色调相间排列的条带或纹线构图特征。在遥感影像上，变质岩地貌和花纹图案显得比较单一，色调也比较均匀，劈理明显，呈定向排列，片理、节理明显控制着水系和沟谷的发育。水系形态以树枝状、角形树枝状、羽毛状、格状为主。

在构造和地震的破坏下，可造成崩塌、滑坡、泥石流等。变质岩的强度取决于变质程度和风化程度。变质岩类主要有片岩、板岩、千枚岩、片麻岩、大理岩等。

1. 片岩

片岩具有典型的片状构造，是区域变质的产物。主要由云母和石英矿物组成，其次为角闪石、绿泥石、滑石、石榴子石等。片岩属于中高变质岩类，在光学影像上显示出由不同色调构成的条纹条带标志。由于受高压和多次构造变动影响，片岩在影像上常形成陡倾的层状和波状纹理，地形较崎岖。片岩的菱形、线形构造很醒目，片理明显，往往构成一组大体平行的密集细纹，有时还因为植被的发育而使影像更明显。这些细纹既不受当地山系、水系的限制，也不对当地地形发育有什么明显的控制作用，沟谷横断面多呈“V”字形。在基岩表面植被覆盖情况下，主要依据地形水系特征进行片岩的解译。水系多呈树枝状、羽毛状，有时也呈“丰”字形水系。片岩地貌形态也因片岩的种类不同而有较大变化。在湿润地区的软质片岩由于被厚层残积土覆盖多形成圆滑的山脊；在干旱地区，片岩的梳状地形很明显，并形成岩层三角面。

片岩强度较低，极易风化，抗冻性差。在强烈风化区，片岩破碎严重，对雷达波反射强烈，形成高亮区域。图 3.26、图 3.27 为某地绿泥石片岩在 L 波段和 C 波段下的影像，可以看到明显的高亮特征。

片岩的岩石抗压强度为 59～178 MPa。在对军事活动影响方面，片岩风化后呈破片状，容易切割轮胎，较不适宜越野机动通行；由于岩石片理化严重，不适合工事构筑；抗打击效果较差。

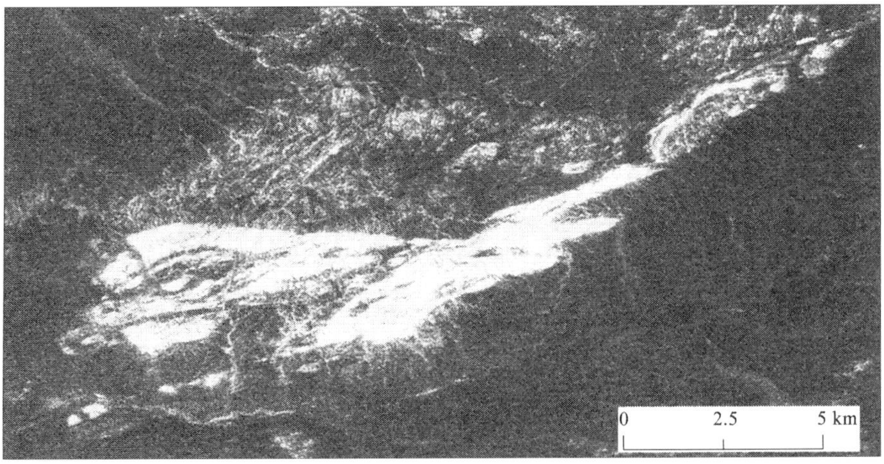

图 3.26　某地绿泥石片岩 SAR 影像（L 波段，HH、HV、HH/HV 组合）

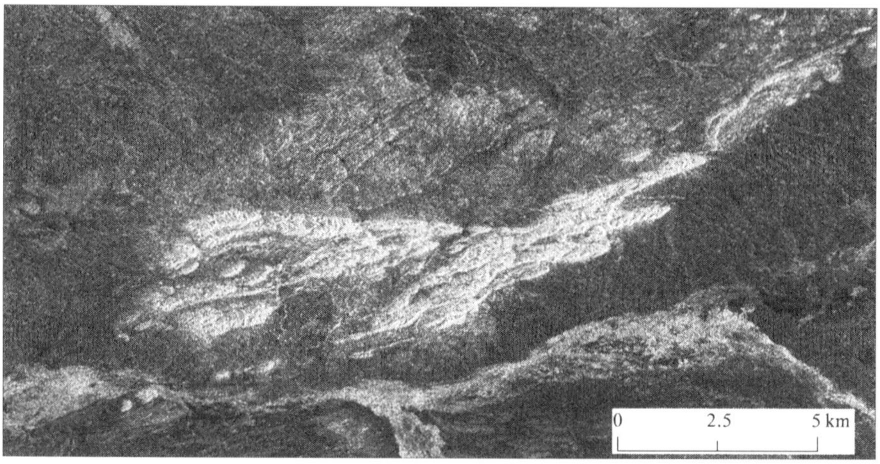

图 3.27　某地绿泥石片岩 SAR 影像（C 波段，HH、HV、HH/HV 组合）

2. 板岩

板岩是一种浅变质岩，由黏土质、粉砂质沉积岩或中酸性凝灰质岩石、沉凝灰岩经轻微变质作用形成。多为深灰至黑灰色，也有绿色及紫色。主要成分为硅质和泥质矿物，肉眼不易辨别，结构致密均匀，具有板状构造，沿板状构造易于裂开成薄板状。板岩、千枚岩类变质程度较浅，原岩组构特征明显。板岩、千枚岩因板理、千枚理发育而容易碎裂和风化，多构成低缓丘陵或岗状地形；图像具有密集线理纹理特征标志，坚硬的板岩可形成山岭和陡坎地形标志，如果产状陡立，则山脊呈鱼脊状密集平行排列，直线状延伸。水系多呈树枝状或羽毛状，但最常见的是直角状的水系。

图 3.28 为某地板岩夹石英砂岩 SAR 影像。在 L 波段假彩色组合图像上，岩体中出现较亮的点，这是由于板岩破碎后的碎块及残留的石英砂岩形成的天然角反射所造成的。但是板岩由于破碎，整体上呈现具有海绵状的色调，与周边的土体形成明显差异。

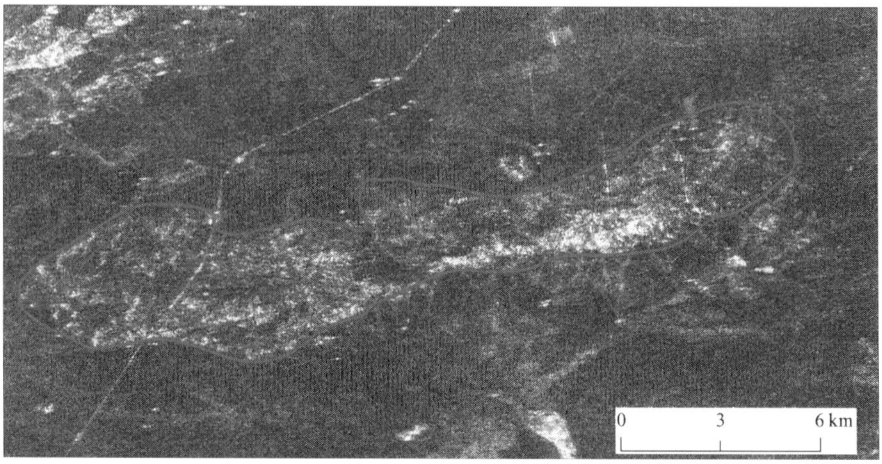

图 3.28　某地板岩夹石英砂岩 SAR 影像（L 波段，HH、HV、HH/HV 组合）

板岩颗粒结构紧密，透水性差，硬度高，耐磨度好。岩石抗压强度为 98～196 MPa。板岩类岩石坚硬程度低、破碎和风化程度高，整体承载力中等，较适宜进行越野机动通行；同时由于其可开挖性好，容易进行地表和浅地表工事构筑；不适合进行地下工事构筑；抗打击效果较差。

3. 千枚岩

千枚岩是指变质程度介于板岩与片岩之间的一种岩石，它是具有千枚状构造的低级变质岩石。原岩通常为泥质岩石（或含硅质、钙质、碳质的泥质岩）、粉砂岩及中、酸性凝灰岩等，经区域低温动力变质作用或区域动力热流变质作用的低绿片岩相阶段形成。矿物成分主要为石英、绢云母、绿泥石等，但结晶程度差，晶粒极细小、致密，肉眼不能直接辨别。外表呈黄绿、褐红、灰黑等颜色。由于含有较多的绢云母矿物，片理面上常具有微弱的丝绢光泽。

千枚岩具有固定的网状图形和沿劈理方向发育平行的水系和树枝状紧密相间的水系型式，冲沟沿着较为软弱的劈理发育。千枚岩山坡往往凹凸不平，形似核桃壳表面一样。在干旱地区，千枚岩容易碎裂和风化，构成低缓丘陵或岗状地形，且具有密集线理纹理特征标志。

图 3.29 中千枚岩由于风化强烈且被风化物覆盖，在地表断续出露。

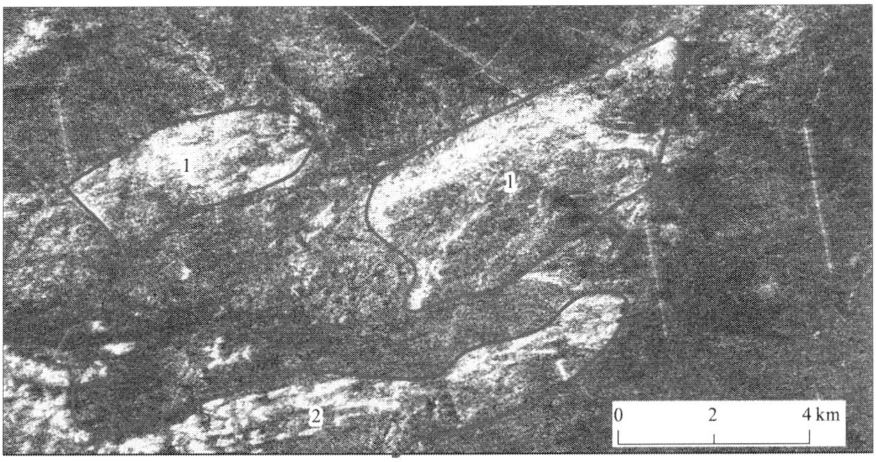

图 3.29　千枚岩夹灰岩、板岩互层 SAR 影像（L 波段，HH、HV、HH/HV 组合）

1.千枚岩；2.灰岩、板岩互层

千枚岩岩石抗压强度为 49～196 MPa。千枚岩岩体各向差异显著，不同岩性接触带易出现片理风化作用，造成较强烈错动带和风化带，因此硬度等级较低，且抗打击效果较差，适合进行地表和浅地表工事构筑，也适合进行越野机动。

4. 片麻岩

片麻岩是由岩浆岩或沉积岩经深变质作用而成的岩石。具有暗色与浅色矿物相间呈定向或条带状断续排列的片麻状构造特征，呈变晶结构。主要矿物为石英、长石、角闪石、云母等。按原岩的不同，分由岩浆岩变质而成的“正片麻岩”和由沉积岩变质而成的“负片麻岩”。图3.30展示了某地片麻岩SAR影像特征，在图中片麻岩呈现明亮的色调，与周边的土体形成明显的差异。

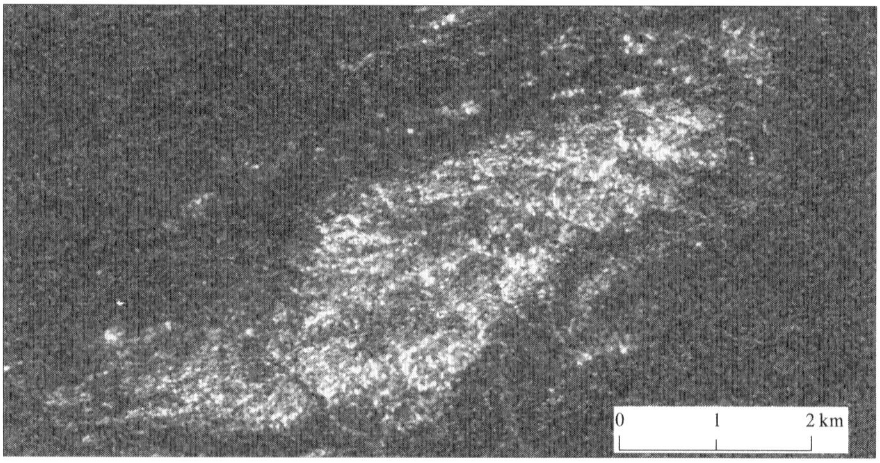

图3.30 某地片麻岩SAR影像（L波段，HH、HV、HH/HV组合）

片麻岩岩体抗压强度为49～196 MPa，但是当其云母含量较多时，岩体抗压强度降低。通常情况下，片麻岩岩体坚硬致密，完整程度较高，具有较好的抗打击能力，片麻岩岩体适合越野机动和地下工事构筑，整体上不适合进行地表、浅地表的工事构筑。但是对于古老的太古宙片麻岩，其风化强烈，地表出露的岩体比较破碎，适合进行地表、浅地表工事构筑。

5. 大理岩

大理岩是由碳酸盐类岩石经变质而成，具有细粒、中粒和粗粒结构。主要矿物为方解石和白云石。多呈浑圆形山脊，影像色调较浅，有时产生岩溶地貌。因易溶解于水，会产生各种喀斯特现象。在北部干旱区由于风化严重，部分大理岩沿岩体边缘呈条带状整地形分布。图3.31展示了某地大理岩夹灰岩SAR影像特征，整体色调较暗淡。

大理岩抗压强度为98～245 MPa。大理岩类岩石致密坚硬，风化程度和破碎程度低，抗压强度大，适合越野机动通行和地下工事构筑，不适合进行地表、浅地表工事构筑。由于岩石的坚硬程度较高，抗打击能力强。

6. 石英岩

石英岩由石英砂岩和硅质岩变质而成，矿物成分以石英为主，其次为云母、磁铁矿和角闪石。一般呈白色，含铁质氧化物时呈红褐色或紫褐色。具有油脂光泽、变余粒状结构、块状构造。

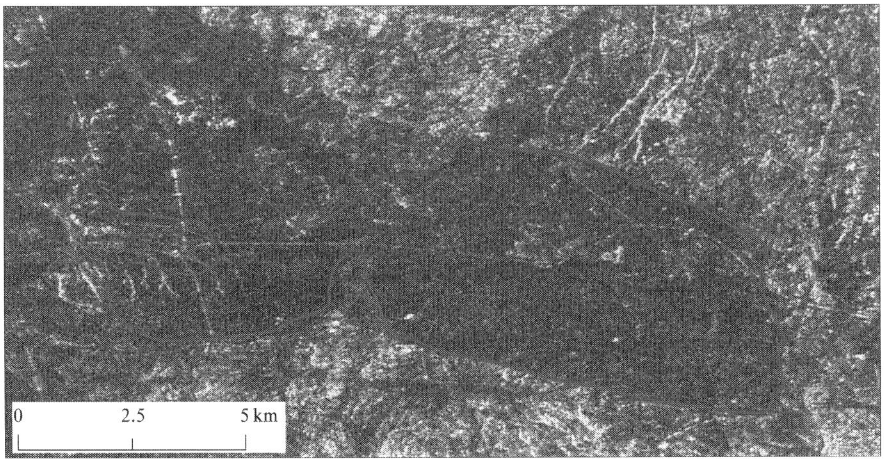

图 3.31 某地大理岩夹灰岩 SAR 影像（L 波段，HH、HV、HH/HV 组合）

石英岩抗压强度为 147～350 MPa。石英岩由于其硬度等级较高，抗压强度大，抗打击能力强，因此适合地下和地表工程工事的构筑；石英岩岩体的风化程度一般比较低，适合越野机动。

3.4 土体要素 SAR 调查

土体是军事地质要素中的一个重要组成部分。利用 SAR 影像进行土体解译时，需要利用已有的野外资料，结合高分辨率光学遥感影像，根据 SAR 影像特征和所在区域的地貌特征综合确定土体的类型和属性。同时尽可能采用高分辨率、多极化 SAR 影像进行解译，以提高解译精度。

3.4.1 土体要素识别机理

在传统的地质调查中，对土体要素的识别经常仅限于第四系成因，然而军事地质对土体要素的分类远高于这一内容。因此，需要从土体要素的识别原理出发，来解决军事地质遥感中土体的识别问题。

土体的解译是一项比较复杂而困难的工作，同岩体、水体、地质灾害等相比较，土体的解译难度和解译精度最差，主要原因在于其解译标志的不稳定性、模糊性和多解性。同一地区的同一类土体，由于所在的地貌单元、含水量的差异，其解译标志随之变化。

土体的解译标志虽然受各种因素的影响而复杂化，但仍然有一定的规律性。影响土体解译标志变化的原因不外乎土体的内在因素和外在因素两种（薛重生 等，2011）。内在因素表现为土体自身的物质组成、颗粒粒径等因素，而外在因素主要表现为土体所在的地貌单元所带来的植被覆盖、含水量等影响。因此，综合土体的内在因素和外在因素，结合野外查证，可以实现类型和属性的解译。

1. 土体所在的地貌单元

土体所在的地貌单元与第四纪地质单元具有空间上和成因上的联系，利用基础地质中第四纪沉积物的成因类型、物质来源、地貌类型、坡度形态等因素，建立土体类型的间接解译标志，通过综合分析，进行土体类型解译和属性的判读。比如在植被稀疏的干旱地区，周边岩体风化严重，区域降雨集中，则在季节性河流的河谷地带常常分布着较大的鹅卵石，甚至是大块的被河水冲刷携带下来的岩石，显然河床中的土体不是砂土，而是巨粒类土。因此，对地貌单元的综合性分析有利于土体类型的识别。

2. 土体的成分

1）土体含水量

土壤的介电常数由土壤含水量决定，而土壤介电常数与雷达后向散射系数又息息相关。在粗砾类土和细粒类土中，当地表粗糙度一定时，随着土体含水量的增加，后向散射系数随之增加。因此 SAR 影像中，在地表具有相同粗糙度的情况下，潮湿土壤比干燥土壤表现得更亮。

2）土体颗粒粒度

在相同的含水量下，颗粒比较大的巨粒类土表面粗糙度较高，且更容易形成角反射，多具有较高的反射率，在 SAR 影像上呈现较高的亮度特征；而颗粒细小的砂土表面粗糙度较低，反射率较低，因而 SAR 影像较暗。

3. 雷达波长

地表粗糙度对于电磁散射的影响取决于电磁波的波长。例如对于同一个表面，在 L 波段（波长为 23.5 cm）可能表现为光滑的表面，在 SAR 影像上表现为暗色，而在 X 波段（波长为 3 cm）就可能表现为粗糙的表面，在 SAR 影像上表现为亮色。另外由于雷达波对干燥土体具有一定的穿透性，L 波段的穿透深度高于 X 波段；且同一波长条件下穿透深度随着含水量的增加而减小。在进行土体解译时需要了解 SAR 数据的参数特征，结合工作区的具体条件进行分析，实现土体类型和属性的解译（Shi et al.，1997）。

4. 多源数据协同解译

雷达遥感尽管对土体识别具有其特殊的手段，但是对细粒土和部分特殊土体的识别效果较差。因此，当无法判别土体类型和属性时，可以借助于多源遥感数据（陈科文 等，2013），尤其是光学遥感数据进行协同解译，以提高解译的精度。

因此，土体的解译是一个复杂的过程，需要通过遥感解译、野外调查验证、室内修改完善等标准的遥感地质解译流程。尤其在缺乏先验知识的条件下，进行野外调查验证更为重要。

3.4.2　巨粒类土 SAR 调查

巨粒类土是按 GBJ 145—1990 标准，为粒径大于 60 mm 的巨粒组质量多于总质量 15% 的土体。根据巨粒含量的差异，将巨粒类土又分为巨粒土（巨粒含量＞75%）、混合巨粒土（50%＜巨粒含量≤75%）、巨粒混合土（15%＜巨粒含量≤50%）。

巨粒类土因其巨粒含量较高，在 SAR 影像上具有较高的亮度特征。由于巨粒土、混合巨粒土、巨粒混合土的巨粒含量差异，其在同一景 SAR 影像上的特征有所差异。

1. 巨粒土

当土体中巨粒的质量大于总质量的 75%时，表现为大量的漂石、卵石出现。在地貌单元上，巨粒土多出现在干枯的河床及冲洪积扇的顶部，以及强风化的基岩之上。

图 3.32 中，巨粒土（箭头所指位置）主要分布在干枯的河床上。该区域降雨量少且集中，上游具有大面积的汇水区和物源条件，且河流从中低山区进入到平原区，大量的漂石和卵石经河水搬运沉积至河床上。由于巨粒较多，在 SAR 影像上形成大量的亮斑。

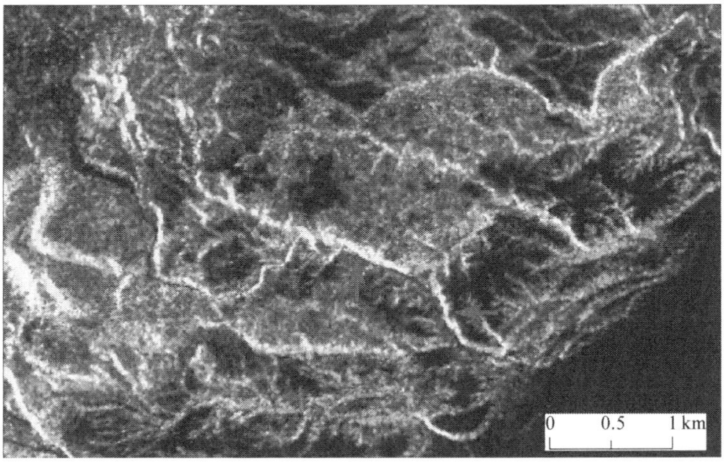

图 3.32　某地巨粒土 SAR 影像（L 波段，HH、HV、HH/HV 组合）

在巨粒土区域，野战工事构筑较为困难，需借助于铁锹、铁钎等工具进行开挖；巨粒土区域人员装备通行受到一定的影响，履带车辆和轮式车辆通行较为困难。由于巨粒土中含有大量的漂石、卵石，在受到炮弹等打击时容易形成溅射，造成人员装备受损。

2. 混合巨粒土

混合巨粒土与巨粒土类似，出现在基岩风化壳、河流河床部位，或者山前冲洪积扇体的顶部，与巨粒土接壤。

在 SAR 影像中，混合巨粒土由于巨粒含量相对较低，其影像上亮斑密度低于巨粒土而高于巨粒混合土。图 3.33 中，玄武岩风化之后，形成大量的碎石分布于地表，成为混合巨粒土。

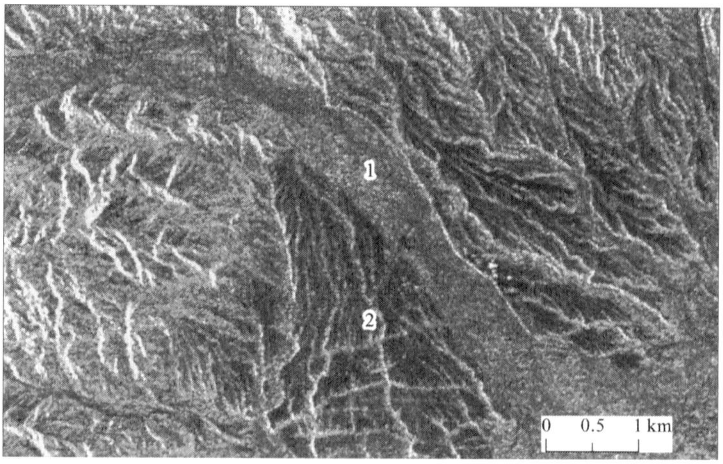

图 3.33　某地混合巨粒土与巨粒混合土 SAR 影像（L 波段，HH、HV、HH/HV 组合）

1.河床上的巨粒混合土；2.玄武岩风化形成的混合巨粒土

与巨粒土类似，在混合巨粒土区域，野战工事构筑需借助于铁锹、铁钎等工具进行开挖；人员装备通行受到一定的影响，履带车辆和轮式车辆通行较为困难；且抗打击能力较弱，在受到炮弹等打击时容易形成二次伤害。

3. 巨粒混合土

巨粒混合土与混合巨粒土类似，一般出现在河流河床部位，或者山前冲洪积扇体的中下部，与混合巨粒土接壤。

在 SAR 影像中，巨粒混合土由于巨粒含量相对较低，其影像上亮斑密度低于混合巨粒土。在图 3.33 中，宽阔的河床上沉积着漂石、卵石，与左侧台地上的混合巨粒土形成明显的对比。

在巨粒混合土区域，由于漂石、卵石颗粒减少，有利于野战工事的构筑，可以满足轮式车辆、履带车辆的通行，但通行速度较慢；抗打击能力弱，在受到炮弹等打击时容易对人员形成二次伤害。

3.4.3　粗粒类土 SAR 调查

粗粒类土是由直径大于 0.075 mm 砾粒、砂粒大于总质量的 50%的土体。根据砾粒含量的差异，将粗粒类土又分为砾类土和砂类土。

在 SAR 影像上，粗粒土由于砾粒直径较小，在 L 波段图像上多呈现为黑色的光滑面。因此，要进行粗粒类土的解译，最好采用 C 波段或 X 波段的 SAR 影像。

1. 砾类土

砾类土是粗粒土中砾粒（直径大于 2 mm）含量多于 50%（即砾粒组含量＞砂粒组

含量）的土。在 C 波段 SAR 影像上，砾类土整体上影像特征较为均一，且在砾类土范围内出现一定的亮斑。图 3.34 展示了某地砾类土在 C 波段假彩色组合影像上的特征。

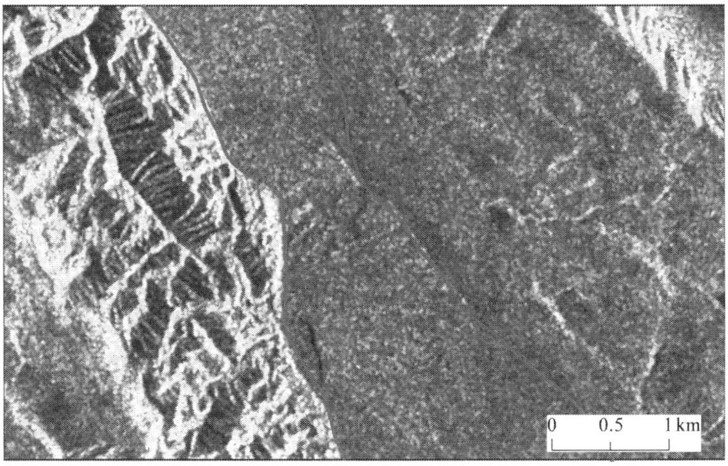

图 3.34　某地砾类土 SAR 影像（C 波段，HH、HV、HH/HV 组合）

砾类土区域有利于野战工事的构筑，需要借助于木材、人工构件进行加固；能够满足人员、轮式车辆的快速通行，其中轮式车辆通行时速可达 10～15 km，坦克机动时速可达 25 km，但机件易于磨损，抗打击能力弱，在受到炮弹等打击时可能对人员形成二次伤害。

2. 砂类土

砂类土是粗粒土中砾粒（直径大于 2 mm）的含量少于或等于 50%的土。在 C 波段 SAR 影像上，某地砾类土整体上影像特征较为均一，且在砾类土范围内出现少量的亮斑，但整体出现比较暗淡的色调，如图 3.35 所示。

图 3.35　某地砂类土 SAR 影像（C 波段，HH、HV、HH/HV 组合）

在海边的沙滩上，由于沙滩较为平滑，相对 C 波段雷达波是光滑面，呈现黑色或非常淡的色调，此时需要借助于光学遥感影像进行解译。图 3.36 为某地海滩砂类土 SAR 影像，可以看出沙滩的形态已经与外部的海洋背景较难以区分。

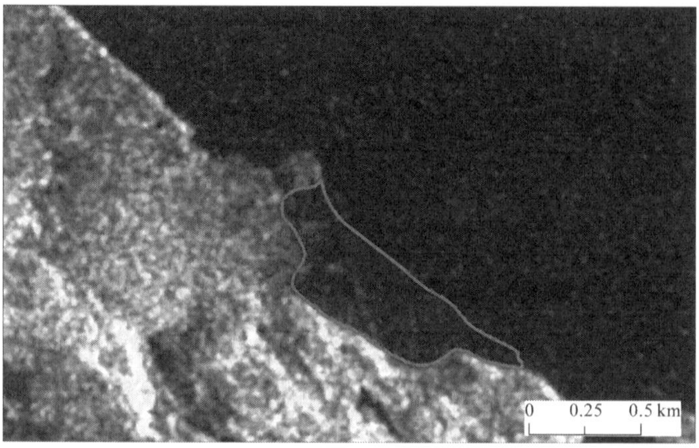

图 3.36　某地海滩砂类土 SAR 影像（C 波段，HH、HV、HH/HV 组合）

砂类土区域不利于野战工事的构筑，需要借助于木材、人工构件进行支撑；能够满足人员通行，干燥的砂类土利于轮式车辆的通行，但整体通行效率较低，速度只有 5～7 km，且油耗增大近 30%。

3.4.4　细粒类土 SAR 调查

细粒类土是粒径≤0.075 mm 的颗粒（细粒组）、质量大于或等于总质量 50% 的土。在单一的雷达影像上，由于土体颗粒较细，相对于常用的雷达波长均呈现光滑的地表特征，且后向散射非常低。为了提高细粒土的识别效果，一般需要结合光学影像进行综合判读。图 3.37 为某地干涸的湖泊形成的平原区，湖泊南部分布着多个冲洪积扇，扇体表

图 3.37　高分二号光学影像（R4G3B2 组合）上某地干涸湖泊细粒土 SAR 影像

面分布着大量的黑色玄武岩碎石，碎石的直径从山区到扇体边缘逐步减小。在冲洪积扇边缘之外，从表层开始，依次为细粒土、含粗粒的细粒土和砂土。

在光学影像上（图 3.37），冲洪积扇的边界因色调差异而非常明显，但是在 SAR 影像上（图 3.38）这一边界相对不明显，主要原因是由于地表相对粗糙度较低。在湖泊区域北部区域是法军和美军的野外训练区域，湖中表面土层被行车轨迹扰动，所以在 SAR 影像上有明显的痕迹。

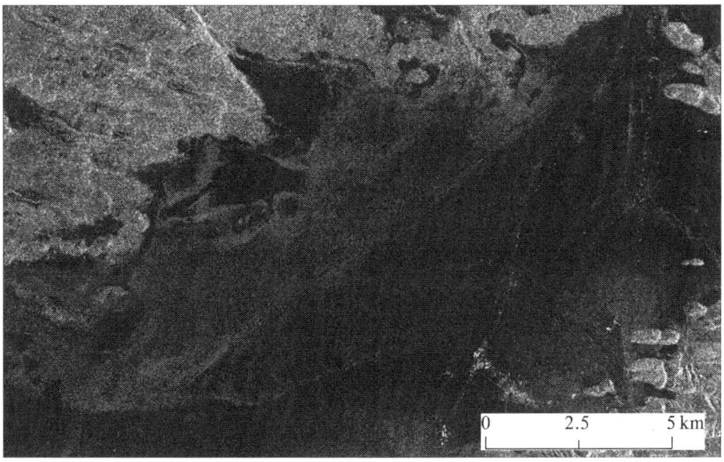

图 3.38 某地细粒土 SAR 影像（C 波段，HH、HV、HH/HV 组合）

细粒类土介于砂类土和黏土之间，透水性较好，有利于人员装备机动和工事构筑。

3.4.5 特殊土体 SAR 调查

军事地质中的特殊土体主要是军事活动中对人员装备的行、驻、战方面有特殊影响的土体，一般分布在一定的地理区域，有工程意义上的特殊成分、状态和结构特征的土。特殊土体包括软土、黄土（湿陷性土）、冻土、盐渍土、稻田土等。

1. 软土

软土是指沿海的滨海相、三角洲相、湖泊相、沼泽相等主要由细粒土组成的土，具有天然含水率高、孔隙比大、压缩性高和强度低等特点。

图 3.39 中圈起的区域为软土的范围，通过光学影像与 SAR 影像叠加，软土区域具有明显的较暗淡的色调和细腻的纹理特征。

软土在振动载荷后结构破坏，其承载力急剧降低，不利于工事构筑，不利于人员和装备的通行。

2. 黄土（湿陷性土）

黄土是土体在一定压力下受水浸湿时产生湿陷变形量达到一定数值的土。在一定压

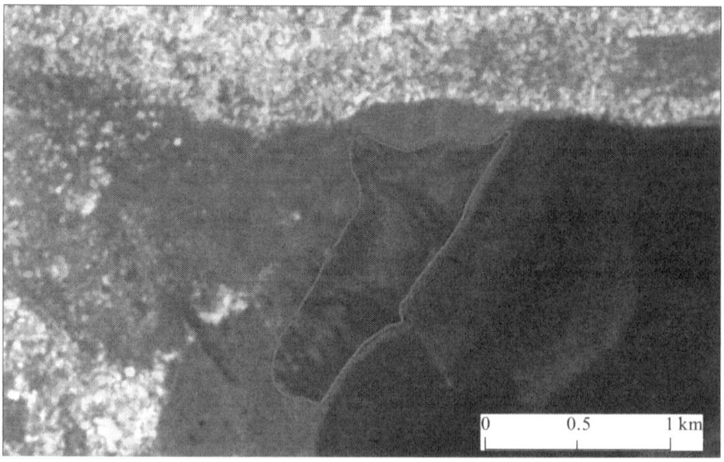

图 3.39 境外某地软土 SAR 影像（C 波段，HH、HV、HH/HV 组合，叠加光学影像）

力作用下，受水浸湿后土的结构易破坏并发生显著的湿陷变形。呈均匀浅色调，多为土黄色；多呈掌状、树枝状、羽状、平行状或格状影纹，如图 3.40 所示。

但是在雨水比较充足的情况下，该区域就会出现强烈的冲刷现象，形成黄土卵，类似于驼峰和馒头状的地貌形态。

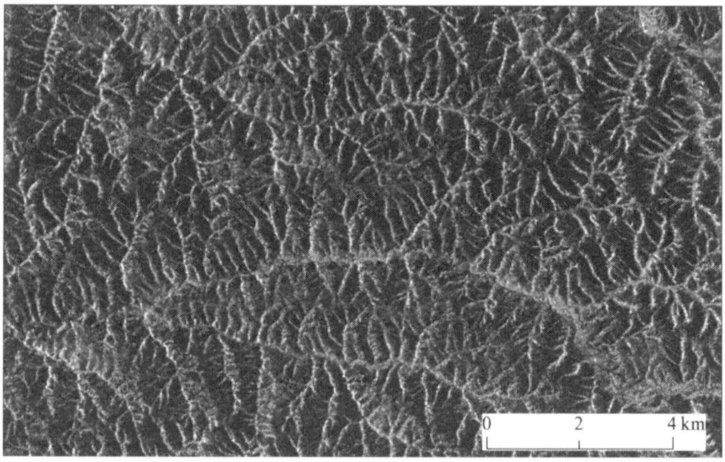

图 3.40 黄土 SAR 影像（C 波段，HH、HV、HH/HV 组合）

黄土在反复的遇水膨胀、干燥收缩的影响下，形成裂缝，且容易剥落。在黄土区有利于进行地表、浅地表的军事构工，但是在进行军事构工和越野通行时，需注意气象条件的限制，尤其在降雨较多的季节不利于越野通行。

3. 冻土

冻土是温度降至 0℃以下时，土中部分孔隙水冻结而形成的土。包括季节性冻土和多年冻土两种类型。

在 SAR 假彩色影像中（图 3.41），多年冻土区域呈现紫色、绿色混杂的现象，且地表起伏不平。

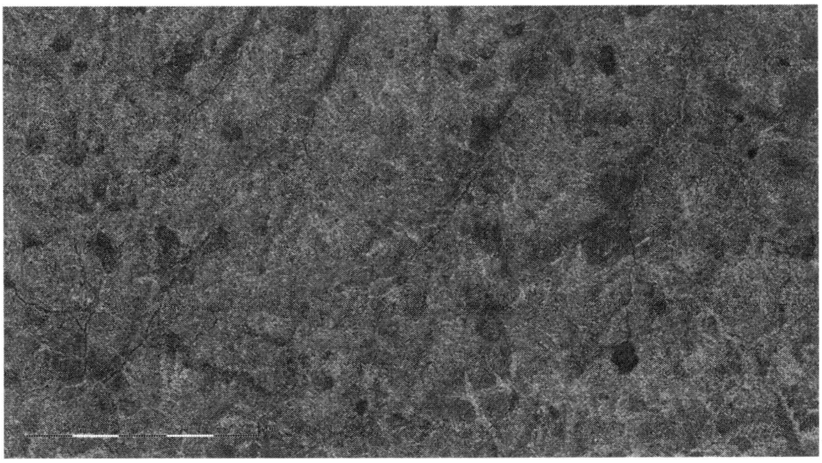

图 3.41　某地多年冻土 SAR 影像（C 波段，HH、HV、HH/HV 组合）

对于季节性冻土，暖季可以进行地表、浅地表工事的构筑；多年冻土区不利于进行工事构筑。在越野机动方面，需要考虑冬季降雪、地表气温升高后出现的泥泞路面，以及冻土区特有的冻胀丘等对人员装备机动的影响。

4. 盐渍土

盐渍土一般呈杂斑状的杂色状态，单极化模式下较其他土体存在较均匀的椒盐效应。盐渍土多分布于地表平坦地区，形成河漫滩等地貌类型，植被不发育。在境外某盐湖边缘，发育有大面积的盐渍土（图 3.42）。

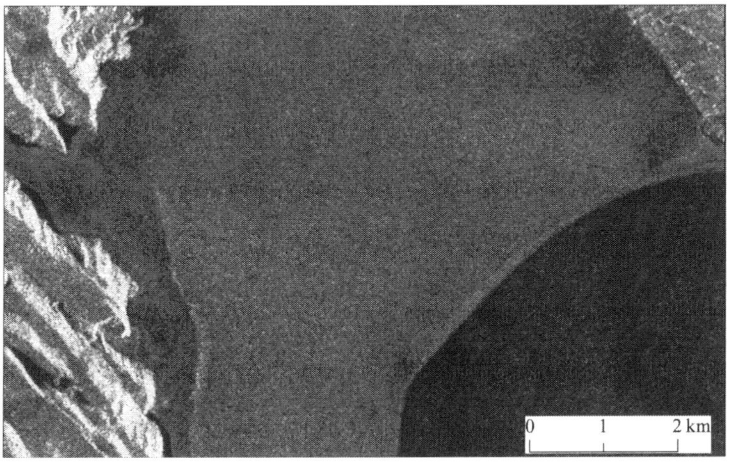

图 3.42　境外某盐湖边缘盐渍土 SAR 影像（C 波段，HH、HV、HH/HV 组合）

干燥条件下，盐渍土具有较高的强度；在有降雨或流水影响下，土体强度降低，压缩性增加。因此，盐渍土区域不利于进行工事构筑，土体含水量高时，不利于装备越野通行。

5. 稻田土

稻田土主要分布在南方水稻产出区，土壤经过反复的翻耕晒垡及水的浸泡，土质非常松软，非常不利于人员和装备的通行。

在 SAR 假彩色图像中（图 3.43），某地稻田土由于表面水体的存在，导致稻田土呈现非常暗淡的色调，与稻田中的道路呈现明显的差异。但是当无水时在拉伸后的图像上呈现绿色的色调。

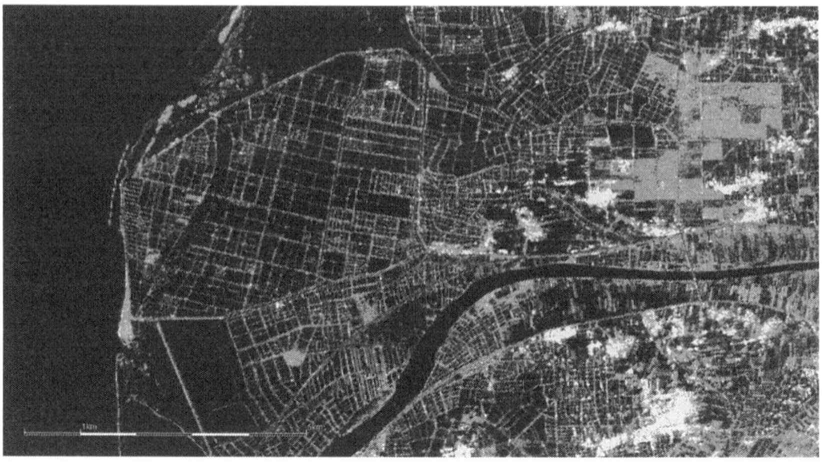

图 3.43　某地稻田土 SAR 影像（L 波段，拉伸处理）

稻田土区域在无水暴晒后可以满足单兵坑类工事的构筑，但是由于其土质过于松软且地下水较浅，无法满足浅地表工事和地下工事的构筑。在有水或无水状态下均不利于装备通行。

3.5　构造要素 SAR 调查

SAR 的侧视成像对地表几何形态敏感，可对地质构造探测形成立体感较强的影像，从而能直观地分析地质构造，揭示构造现象。此外，SAR 主动发射电磁波的工作方式，能使特定延伸方向的构造得到增强并得以发现。无论是机载、星载雷达图像，还是不同波段的雷达图像，在线性地质体的解译中都起到了很大的作用（Raharimahefa et al.，2006；Yesou et al.，1993）。在某些情况下，SAR 可以与其他光学遥感数据一起完成构造的解译（Thurmond et al.，2006）。

军事地质调查中，由于构造要素，尤其是断裂和褶皱都会对军事构工造成直接影响，对越野机动、野战给水等都有间接的影响，需要对断裂和褶皱进行详细的调查。

3.5.1　断裂构造 SAR 调查

1. 断裂构造解译标志

断裂构造是地壳中最重要的一种构造类型，它是地质体顺破裂面发生明显位移的一种破裂构造。在地质构造中，断裂构造的各种形迹在遥感影像上都具有较明显的影像标志，如地貌标志、植被标志、土壤标志、水系标志、影像纹理标志等直接及间接标志。通过直接、间接的解译标志，可以明确断裂的特征。断裂的活动性可以通过时间序列的差分干涉测量技术进行评估。常见的解译标志如下。

1）地质体的位移

地质体位移包括横向位移、纵向位移与斜向位移三种情况。在影像上同一地质体被横向错开或纵向错开而使地层或岩石单元缺失、重复，岩层沿断裂带走向线呈斜交、斜切关系等现象所形成的标志为地质体的位移标志。如地层、岩体、褶皱轴线、岩脉、洪积扇被错开的影像标志均可指示断层的性质。其中谷地、水体岸线、洪积扇体等地形单元被断裂横向错断的标志，均可指示垂向或斜向断层的存在，且具有新断裂构造的判别意义。

图 3.44 中地层单元呈条带状沿北东东防线延伸，但是 SAR 影像中醒目的北北西向断裂所错开，箭头指出了断层的位置。长条状的地质单元发生明显的牵引变形和位错。断层 *F* 两盘牵引弯曲方向相反，说明断层 *F* 呈左旋反向平移错动。

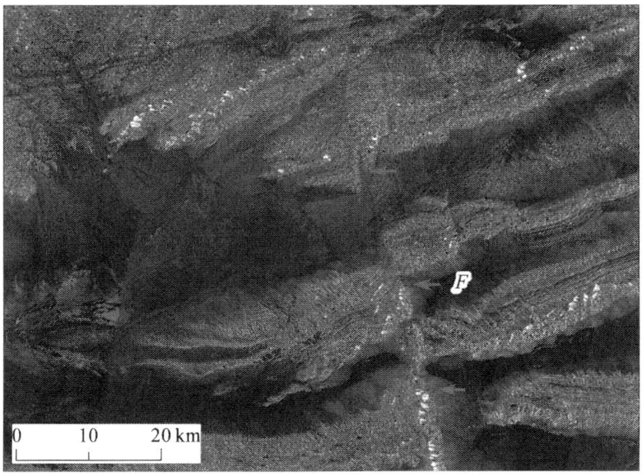

图 3.44　某地地质体的位移 SAR 影像（JERS-1 镶嵌图）

2）结构性标志

结构性标志包括构造透镜体、“入”字形次级断裂形迹、碎裂岩块，劈理密集带等断裂标志；长轴状侵入岩体或火山口呈直线状分布等均可作为断裂结构标志进行区域构造的解译和分析。

图 3.45 中，达里诺尔火山群由近百个火山组成，形成广阔的熔岩流。箭头所指的位

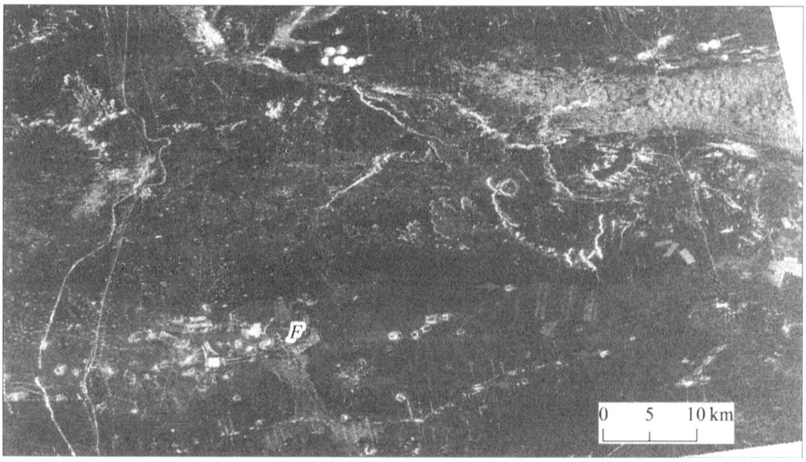

图 3.45　达里诺尔火山群结构性标志 SAR 影像（L 波段，HH 极化模式）

置均为火山口出露位置，火山口的直线状排列，且火山口的长轴方向与火山定向排列方向基本一致，均为北东东向，指示了下部大断裂控制着火山的发育情况。

3）断裂谷标志

包括深切峡谷、障谷、线状低凹谷地、湖盆、沼泽、落水洞等地貌类型或微地貌类型，多呈负地形形态，建立标志的关键是各类谷地的延展方向与断裂带的空间关联性。

图 3.46 中断裂 F 强烈切割地表（箭头指出了断层的位置），形成深切峡谷和线状低凹谷地，断裂北盘上升较大。通过峡谷流入沙漠的河流被断裂控制，且形成 L 形，因此断裂两盘具有显著的左旋平移错动。

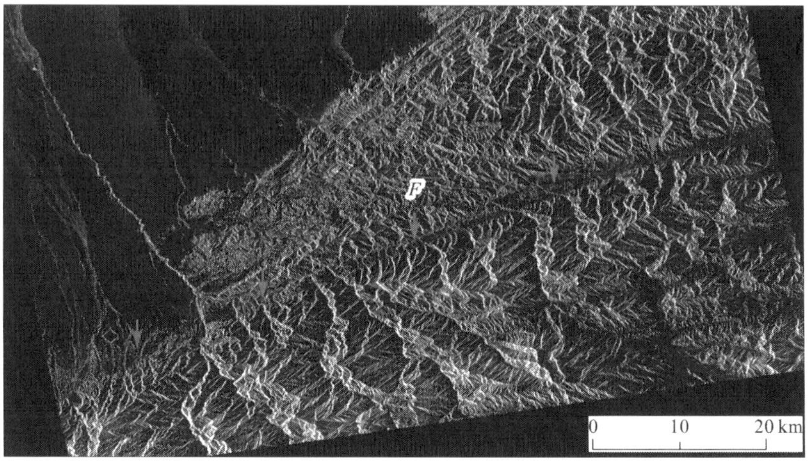

图 3.46　某地断裂谷标志 SAR 影像（L 波段，HH 极化模式）

4）线性排列标志

冲积锥、洪积扇、山地地貌中的垭口、河流支流交汇点等呈线状排列或被错断等现象，尤其是在山前的泉水出露点呈线性排列等标志，都具有断裂指示意义。这类标志虽然属于间接标志，但对断裂构造的解译和分析极为重要。

由掀斜断裂构造所控制的掀斜隆起，在山前断裂形成直线状的断层崖，断层崖前缘的洪积扇群不断向前伸展。如博罗霍坦山南麓（图 3.47），近东西向的断裂影像清晰，断层崖发育，错断了上新统（N_2）和更新统（Q_1）地层，更新世洪积扇随着本盘的上升，已被河流切割，在其前缘又发育了更新世–全新世的洪积扇，与前者呈内叠接触。

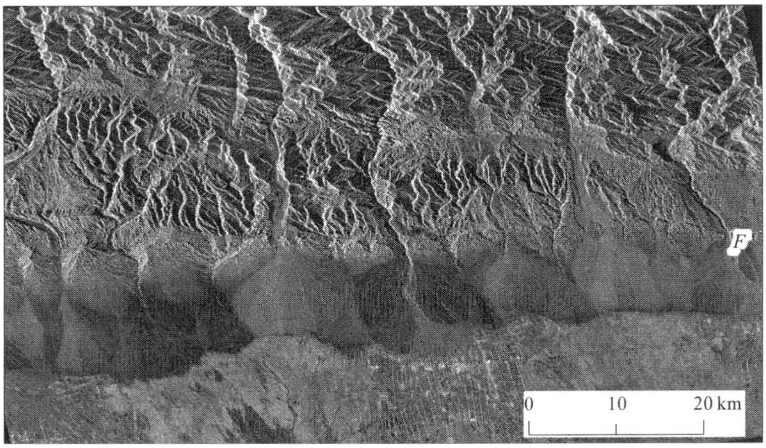

图 3.47　博罗霍坦山南麓线性排列标志 SAR 影像（L 波段，HH 极化模式）

5）水文标志

如直线状、折线状等河谷异常段，河流呈直角状或锐角状的急转弯，呈直线状排列的湖泊群、海岸线的异常段或折线段，岛屿或水下浅滩微地貌异常，水深的直线状突变带等，都反映了断裂对水体流向及深度的控制效应。

当河流垂直或斜交流过断裂带，在断裂带常形成曲流。图 3.48 中多条河流形成的曲流段沿东西方向排列成带，箭头指出了河流弯曲的位置，其同步弯曲方向表明该断层的左行特征。

图 3.48　某地水文标志 SAR 影像（L 波段，HH 极化模式）

2. 断裂构造的 SAR 解译及军事地质属性识别

断裂性质可依据构造形迹的构图几何学特征进行分析（薛重生 等，2011）。断裂构造的性质不同，就会在构造形迹的图形结构特征、空间组合规律及相应的派生构造类型等方面形成不同的图形结构与构造格局。依据其运动学特征及其构造形迹的图形学特征进行关联分析，可以有效地进行断裂构造力学性质分析。

1）活动断裂

活动断裂，是第四纪以来有活动的断裂。活动断裂现今仍在活动或近代地质时期曾有过活动，将来还可能重新活动。活动断裂对军事构工和军事活动具有严重影响。永备工事选址中必须避开活动断裂；活动断裂容易引发各类地质灾害，导致道路交通中断，影响军事机动。

在 SAR 影像上，湖泊、沼泽位错或突然变宽或变窄，都表明了活动断裂的存在。图 3.49 为某地沼泽突然出现直线状的位错，表明了有现代活动断裂的存在（虚线），箭头表明了其断裂两旁的相对运动方向。

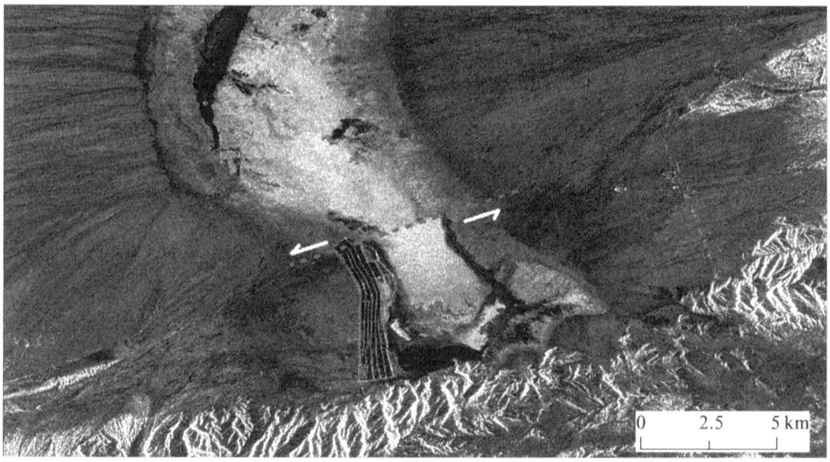

图 3.49 某地活动断裂 SAR 影像（L 波段，HH 极化模式）

图 3.50 是某地活动断层及其附属断层 SAR 影像。北北东向压扭性断层 F 切割现代冲洪积扇体，在断层两侧形成明显的陡坎。F_1、F_2 及 F_3 为 F 的附属断层，其中压扭性断裂 F_1 形态细长，方向与主断裂 F 也不相同；F_2 及 F_3 延伸不远，断口平直而且较宽，可能属于张扭性断裂。从附属断层和主断层的特征可以推断，主断层 F 可能发生过多期次的活动。

美国圣安德烈亚斯断层长度约为 1 050 km，位于太平洋板块和北美洲板块的交界处，横跨美国加利福尼亚州西部和南部及墨西哥下加利福尼亚州北部和东部。它是太平洋板块及其以东的北美洲板块相对运动形成的一条活动性大断裂。历史上断层附近常发生地震，其中包括 1906 年强度达里氏震级 7.8 级的旧金山大地震和 1989 年里氏震级 6.9 级的美国洛马·普列塔大地震。在图 3.51 上，断裂带结构特征及延展方向非常清晰，在地貌上形成连续的线性凹地，断裂带的宽度可以通过图上测量得到。

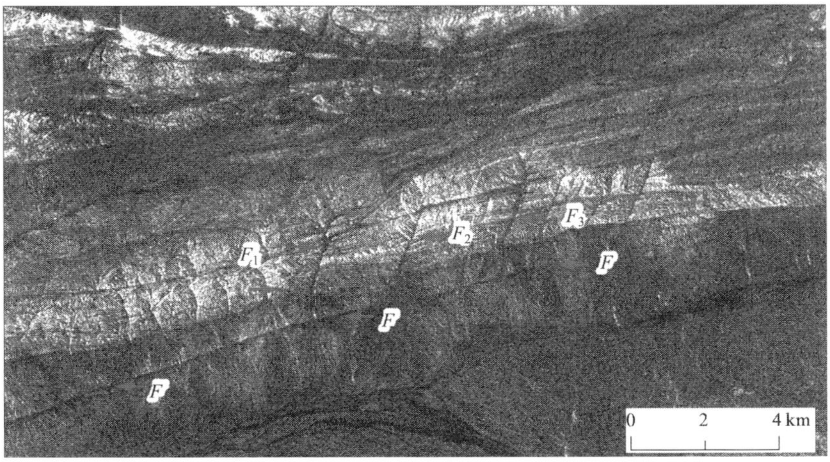

图 3.50　某地活动断层（F）及其附属断层（F_1、F_2 及 F_3）SAR 影像（L 波段，HH 极化模式）

图 3.51　美国圣安德烈亚斯断裂局部 SAR 影像（C 波段，VV 极化模式）

2）挤压性断裂

挤压性断裂构造形迹的平面形态有波状、折线状、交叉曲线状等图形结构特征。其中以波状形态结构最为常见。断裂带延伸较远，走向稳定，常常成组出现，或者由多条平行的断层组成断裂带。断裂带内发育构造透镜体和断块、线性褶皱及共轭扭裂面、“入”字型分支断裂等。大型挤压性断裂对地形、水系有明显的控制作用，能形成一系列与构造线方向大体平行的山体、河谷、湖泊及山间盆地。

图 3.52（箭头指出主断裂位置）中 A 点以南，断裂带中发育着多个挤压透镜体，且断裂引起的断崖发育，反映了新构造时期断裂带的呈压性的力学性质。根据 GPS 观测，该断裂近期左旋走滑运动有微弱的增强。

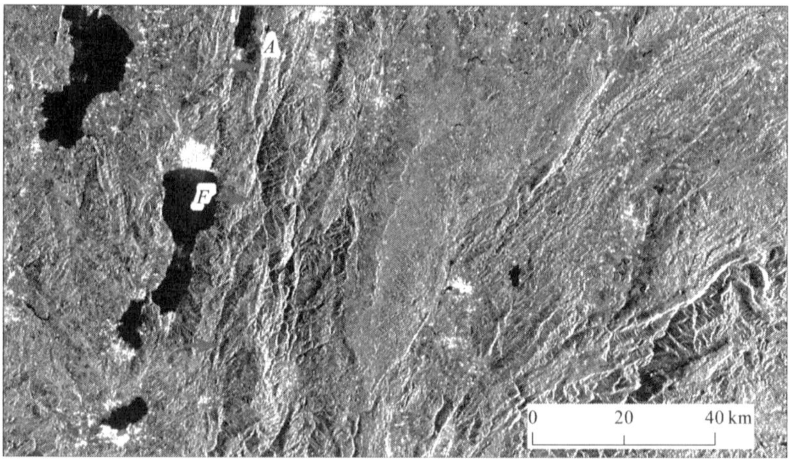

图3.52 某地挤压性断裂带SAR影像（L波段，HH极化模式）

3）张性断裂

张性断裂一般延伸不远，呈断续出现或雁行状排列，构造带的宽窄变化较大。地表多形成沟谷，沿断裂发育有断层崖、陡坎、破碎岩块，断裂中常有岩墙、岩脉充填。张性断裂的地表出露线不规则，呈锯齿状或“之”字形，为张性断裂追踪一组共轭扭裂面而形成。

图3.53中，在褶皱内发育着三组张性断裂（F_1、F_2及F_3），这些断裂短而粗，呈现锯齿状，具有明显的宽槽状沟谷，横向切断了北东走向的地层，水平位移不明显。

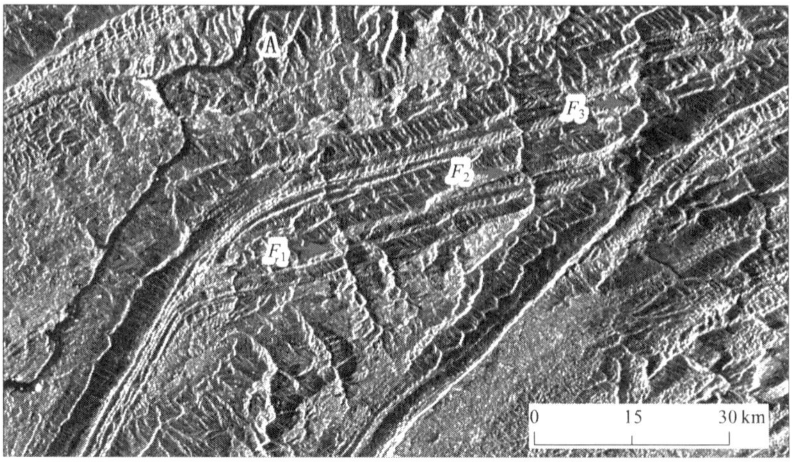

图3.53 某地张性断裂SAR影像（L波段，HH极化模式）

4）扭性断裂

扭性断裂迹线平直、光滑、产状稳定，断裂带延展规模巨大，表现为窄而直的线状影像或平直的沟谷。扭性断裂常常成组出现，互相平行，具有等间距排列规律，或呈斜列式或共轭式组合。单纯的扭性断裂规模都比较小，而大型扭性断裂常常兼具挤压或张裂性质，前者称为压扭性断裂，后者称为张扭性断裂。

达尔布特是一条深大断裂，属于左旋压扭性断裂。断裂南侧发育有分支断裂，其中压扭性分支断裂（F_1）为南东走向，张扭性分支断裂（F_2）为南西走向。整个断裂影像非常清晰（图 3.54）。

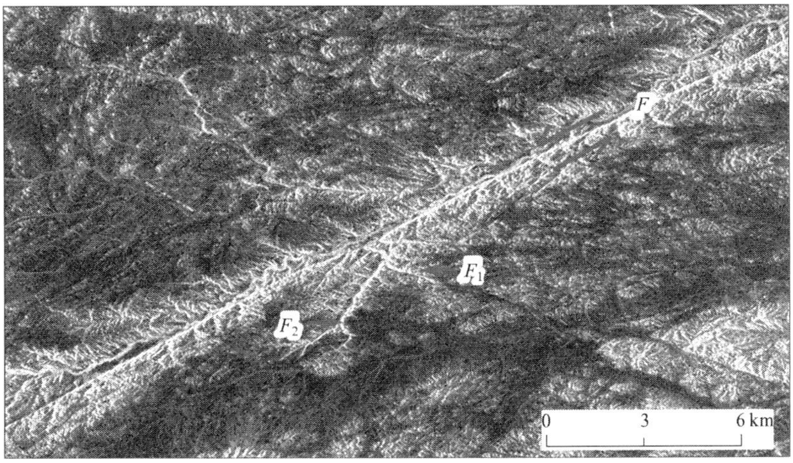

图 3.54　达尔布特断裂 SAR 影像（L 波段，HH 极化模式）

5）节理

节理和断层都是构造破裂面，只是构造规模及等级大小不同而已。节理是指岩石中的裂隙，岩石遭到破坏而未发生空间尺度上的位移。由于节理与断层本质上的相似性，使它们在遥感影像上具有相近的影像特征。例如直线状形态、成组出现、剥蚀后形成负地形、有岩脉贯入等。图 3.55 中展示了某地岩体中发育的两组节理。

图 3.55　某地节理 SAR 影像（L 波段，HH 极化模式）

A 近东西向展布，被岩脉填充；*B* 近南北向形成负地形

3. 断裂和节理对军事活动的影响

断裂和节理均对地下工事构筑具有严重影响。断裂附近岩石、土壤裂隙增多，岩石破碎，渗透性增加，且风化作用增强；节理降低了岩石的连续性和完整性，使岩体的强度和稳定性显著降低。在进行地下工事构筑时，洞室经过断裂处，容易形成塌方、漏水等灾害，导致施工效率降低。同样地下洞室经过节理密集区，容易造成落石和漏水等灾害。因此进行地下工事构筑时，需尽可能地避免与断裂、节理的走向一致且避开断裂交汇区、节理密集区。同时，地下永备工事构筑时，应避开活动断层影响区域，尤其避免横跨活动断层两侧修筑工事。

大型断裂一般在地表形成沟谷。山区的道路一般沿沟谷构筑，有利于部队的通行。

3.5.2　褶皱要素 SAR 调查

褶皱构造是岩层在构造运动作用下发生的一系列连续弯曲变形，但该变形并未使岩层的连续性和完整性遭到破坏，它是岩石塑性变形的表现。褶皱构造是地壳最发育的构造形式，其构造尺度差别亦很大，从手标本尺度到显微镜下尺度直至延长数百千米的褶皱构造都普遍存在。

1. 褶皱构造解译标志

利用遥感方法确定褶皱类型有别于常规构造研究方法，它是根据褶皱构造在影像上的形态特征及组合特征来进行综合分析。褶皱构造解译的基本方法是利用地层中具有特殊色调标志（深色或浅色）、地形标志（陡坎、线状凹地、山脊线）、纹线纹带标志（深浅相间纹线或宽窄相间纹带）、景观标志（特征植被覆盖层、土地利用类型）等岩层或岩层组合段或地层单元的影像标志，依据顺层追索法和产状解译法，确认褶皱构造的存在与否。褶皱构造的基本解译标志如下。

1）封闭的圆形、近圆形标志

地层标志层呈圈闭的圆形、椭圆形、长条形的图形，且对侧岩层产状呈相向或相反对称分布特征是褶皱构造的重要解译标志。

图 3.56 中，地层单元呈椭圆形封闭，是由侏罗纪地层构成的短轴向斜。

2）转折端标志

影像上标志层有规律地转折为马蹄形、弧形、三角形，其层理条带的宽度按一定的规则发生变化，即可确定属于褶皱构造的转折端；在同一套岩体单元中，岩层三角面的尖端指向变化标志，是依据岩层三角面出现对称或重复，也即三角面尖端相向或相背分布时，说明有褶皱构造存在的可能性。

图 3.57 中的岩层有规律地弧形转折，形成一个向斜褶皱。该褶皱西翼地层走向北东，倾向东南，层厚稳定，褶皱东翼地层走向由南东渐变为东西走向，层厚由核部位置向东减薄。

图 3.56　某地短轴向斜 SAR 影像（L 波段，HH、HV、HH/HV 组合）

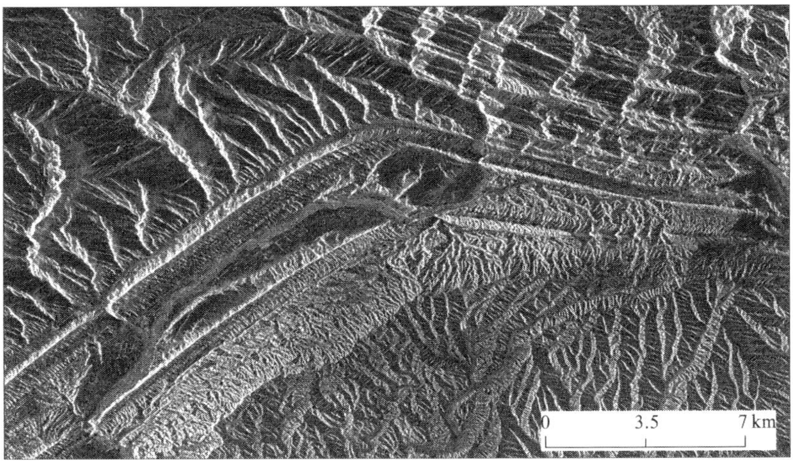

图 3.57　某地褶皱转折端 SAR 影像（L 波段，HH 极化模式）

3）岩层的对称性出现

岩层对称重复出现是褶皱构造的一个重要标志。在 SAR 影像上表现为不同色调条带形成的纹形对称重复，或者地形、地貌特征构成的纹形图案对称重复。当褶皱两翼地形坡度相近时，由褶皱两翼同一岩层的出露宽度变化，间接推断出岩层在两翼产状的相对陡缓。

图 3.58 中，*A* 为碳酸盐岩，*B* 为砂岩及粉砂岩，*C* 为页岩、页岩夹泥岩。岩体 *B* 在碳酸盐岩 *A* 南北两侧对称出现，形成褶皱。根据 SAR 影像分析，北侧砂岩 *B* 南倾而南侧北倾，形成向斜构造。

当岩层对称性出现，但出露厚度较大的岩层或相邻两厚层岩层之间岩性差异明显时（如厚层灰岩与厚层砂岩地层），可根据地形组合、水系形态和图像纹理标志的重复出现来进行解译识别；特殊水系标志与褶皱构造亦具有空间相关性，如向斜盆地形成向心状水

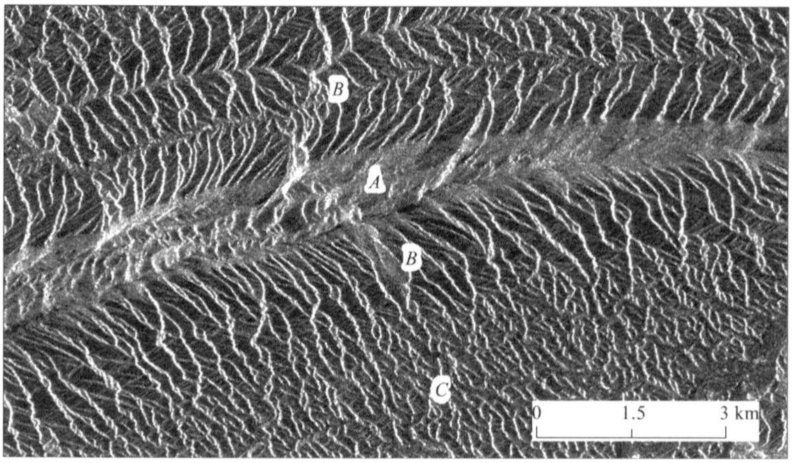

图 3.58　某地向斜构造 SAR 影像（C 波段，VV 极化模式）

系；穹窿构造则形成放射状水系；正常褶皱的两翼往往有对称或相似的水系形式；但水系标志只能作为褶皱解译的间接标志。然而对于大型褶皱、隐伏褶皱、穹状窿起构造、新构造隆起及凹陷的图像解译，水系特征分析又具有重要的指示性意义。

2. 褶皱构造的 SAR 解译及军事地质属性识别

常背斜两翼岩层产状自核部向外侧倾斜，如果背斜两翼岩层产状向同一方向倾斜则称为倒转背斜构造。向斜构造的核部为新地层，两翼为老地层，其两翼岩层产状与背斜构造相反。在解译过程中，遥感影像不能直接判断地层的时代。在进行褶皱解译时，先确定褶皱形态类型（背形、向形），然后根据地质资料或通过遥感影像解译出地层新老关系，最后确定褶皱的类型。如果不能确定新老关系，则可以采用褶皱形态进行分类。

但是在褶皱解译中，最核心的是两翼岩层的产状确定。当确定褶皱的形态和空间分布特征时，需要借助高分辨率的 SAR 影像或光学影像，观测岩层的三角面特征，确定岩层的产状。岩层三角面某一岩层同一层面地表露头线上山脊点与相邻两沟谷点用直线连接所成的假想三角形平面，它随地形不同而呈现不同的形态，如梯形、熨斗形、半圆形、半月形等。岩石三角面是遥感影像上判断和量测岩层产状的最佳标志。

图 3.59 是美国圣安德烈亚斯断层附近地层出露情况，箭头所指位置可以看到明显的岩石三角面，从三角面形态可以判定岩层倾向北东东。在利用 SAR 进行三角面判断时，尤其要注意由于地形引起的叠置掩映效应的影响，避免出现误判情况。一般情况下可以同时利用升轨、降轨数据来减少误判。

1）背斜/背形褶皱

一般情况下，对正常的背斜或背形褶皱，褶皱两翼岩层产状陡缓相近，且两翼岩层三角面山脊点尖端在分水岭相向，岩层三角面相背而倾，在地形上切层陡坡相向而倾形成背斜谷。反之，则为向形褶皱或向斜。

图 3.59　美国圣安德烈亚斯断层 SAR 影像（C 波段，VV 极化模式）

从图 3.60 中可以看出，褶皱转折端和北翼特征明显，南翼部分特征不明显，但是仍然可以从岩层三角面判断出南翼北倾、北翼南倾，且转折端西倾，形成一个明显的背形褶皱。根据地质资料，褶皱核部为寒武系地层，由核部向两翼，地层为志留系、泥盆系、石炭系，核老翼新，因此该褶皱为背斜。

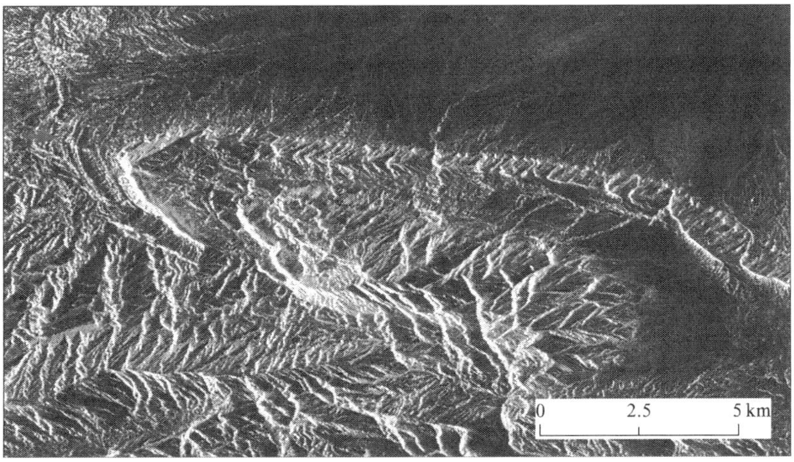

图 3.60　某地背斜 SAR 影像（L 波段，HH、HV、HH/HV 组合）

2）向斜/向形褶皱

向斜/向形的判断需要从影像标志入手。图 3.61 中褶皱的转折端特征明显，可以确认褶皱的存在，通过岩层的三角面分别判断两翼及转折端的产状特征，其中 *B* 翼岩层倾向北东，*D* 翼岩层倾向南西，而转折端 *C* 处岩层产状倾向南东，整体形成向形褶皱。

据收集的地质资料可以发现，该向形核部为侏罗系砂岩，两翼为三叠系砾岩，因此该褶皱为向斜。

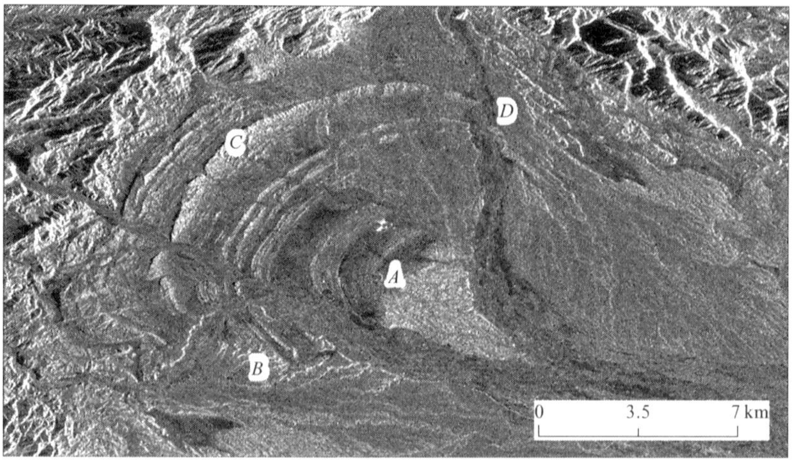

图3.61　某地向斜褶皱SAR影像（C波段，HH极化模式）

图3.62中，*A*为该褶皱的核部，*B*、*C*分别为褶皱两翼。从影像上可以看出褶皱北翼南倾、南翼北倾，整体轴向东西向，地层向东西两侧封闭，转折端清晰且两翼对称较好。核部主要为碎屑岩，而两翼为碳酸盐岩，由于风化差异，在核部形成长条状的盆地。

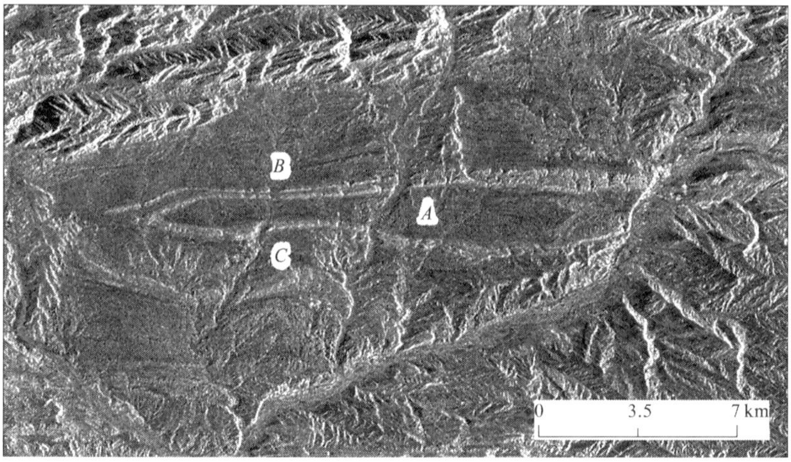

图3.62　某地向斜褶皱SAR影像（C波段，HH极化模式）

3）组合褶皱

组合褶皱是多个褶皱组合在一起，形成向斜–背斜–向斜–背斜等连续分布或交错分布的褶皱群。在解译时首先对褶皱进行单个分析，然后根据其空间展布状态进行综合分析。一般情况下，组合褶皱可以是多期次褶皱的叠加，也可以是同一期次的褶皱连续分布。比如宽展型褶皱是由一系列平行排列的褶皱构造组成，其中背斜、向斜的发育程度及形态差别很大，常常是一强一弱，一宽一窄，表现出疏密相间背斜和向斜褶皱组合。

图3.63中，褶皱在地貌上常表现为一组大致平行的直线状山脊，山体之间距离较大，

地势相对平缓。详细分析其褶皱组合，可以发现背斜构成线状山岭，向斜则为平行排列的低缓丘陵，具有典型的强挤压背斜与开阔向斜组合特征，为隔档式褶皱。

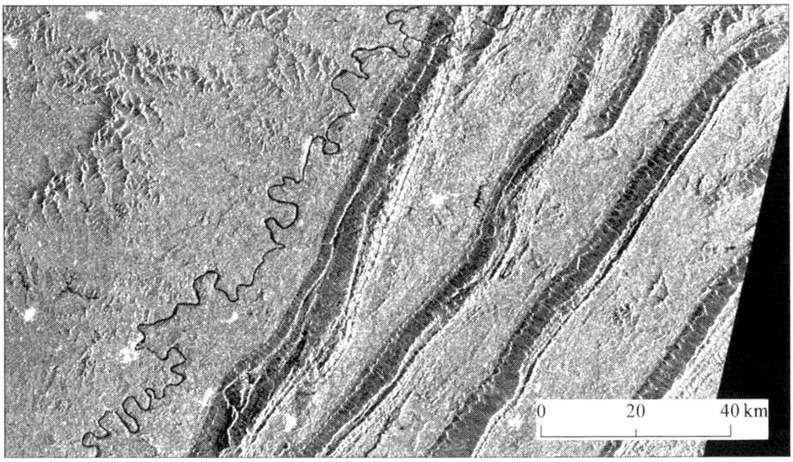

图 3.63　某地隔挡式褶皱 SAR 影像（L 波段，HH 极化模式）

3. 褶皱对军事活动的影响

在褶皱核部，一般情况下裂隙发育且岩石相对破碎，容易进行地表、浅地表工事的构筑。但是在构筑过程中需注意向斜、背斜对水体汇聚和分散的影响，避免坍塌和裂隙渗水造成灾害。在褶皱两翼，需要注意单斜山、猪背岭和软硬相间的隘口位置的不利因素（刘晓煌　等，2018）。受地形影响，猪背岭前坡和隘口底部容易受到滑坡、泥石流等地质灾害的影响；后坡相对稳定，但仍然要注意岩层的顺层滑动和硬岩层的崩塌。因此一般要避开核部，选择两翼进行军事构工。

在褶皱区，由于不同岩体抗风化能力不同，会导致褶皱区形成高低起伏的地形，在横穿褶皱区时降低了人员装备的越野机动能力，因此建议沿褶皱两翼走向方向，避开高低起伏的地形进行越野机动。

3.6　地质灾害 SAR 调查

地质灾害是指在自然或在人为因素的作用下形成的对人类生命财产、环境造成破坏和损失的地质作用（或现象）。灾害地质体属于地壳作用或地表地质作用过程的不良地质对象，它对军事活动具有重要影响。例如军事路线规划中，应避开滑坡、泥石流的频发区域，即便是必须通过，也应该在评价滑坡、泥石流稳定性的基础上，选择合适的时段快速通过，同时避免诱发地质灾害，对人员和装备造成伤害。

地质灾害 SAR 调查，主要是利用影像对地质灾害发生前后地表变化进行对比，分析地质灾害发生区域、影响情况等。这里仅简要介绍 SAR 影像上滑坡体和泥石流提取的方法。对地质灾害长期形变的监测将在第 4 章中进行分析。

3.6.1　滑坡 SAR 调查

滑坡是斜坡上的岩体或土体在重力的作用下，沿一定的滑动面整体下滑的现象。在植被覆盖率高的区域，滑坡通常会造成植被的大面积破坏，在光学影像上表现出植被破坏，而在 SAR 影像上表现出与周围植被覆盖区域明显不同的后向散射强度。在植被较少的地区，由于滑坡导致原有的地表形态发生严重变化，SAR 影像上同样呈现出完全不一致的、高亮的特征（杨梦诗　等，2012）。另外，在高分辨率 SAR 影像上，由于 SAR 对地表粗糙度和介电特性的敏感性以及立体感强的特点，使得 SAR 影像易于识别滑坡体后壁和前缘等特征。这里以金沙江白格滑坡为例介绍 SAR 对滑坡的调查方法。

1. 金沙江白格滑坡基本情况

2018 年 10 月 11 日早晨 7 时 10 分许，四川甘孜藏族自治州白玉县与西藏昌都市江达县波罗乡接壤处发生山体滑坡，滑坡体后缘顶点坐标为：东经　98°42′17.98″，北纬 31°4′56.41″。

白格滑坡后缘高程约为 3 718 m，坡脚高程约为 2 884 m，落差 834 m。第一次滑坡后，形成涌浪冲击金沙江左岸，最大冲高约为 160 m，形成堰塞坝，导致金沙江断流并形成堰塞湖（王立朝　等，2019）。11 月 3 日白格滑坡发生第二次滑坡。在滑坡过程中，滑坡体撞击对岸后逆坡爬高达 95 m（邓建辉　等，2019）。

图 3.64　白格滑坡体全貌图

来源：成都理工大学 http://www.sklgp.cdut.edu.cn/info/1018/2247.htm

2. 滑坡 SAR 图像解译

第一次滑坡发生后 7 min，ESA 的 S1A 雷达卫星（Sentinel-1a，哨兵一号）采集到滑坡区的雷达数据，结合 12 d 前该卫星采集的同一地区的降轨雷达数据，可以解译滑坡的基本情况。

图 3.65 展示了白格滑坡前后 S1A SAR 影像。图中 *A* 为滑坡体对岸，箭头所指为滑坡体的左侧山体。从影像上可以看出，在滑坡前金沙江河道色调暗淡，边界清晰，滑坡体所在的区域无纹理特征；第一次滑坡之后，滑坡体对岸和滑坡位置均出现明显的亮度变化，可以分辨出滑坡的影响范围，*A* 点的明显异常也反映了滑坡体撞击对岸后逆坡爬升的情况，同时河道已经被阻断，自滑坡位置开始金沙江下游出现明显的回波信号，表明水中有大量的泥沙存在。图中曲线圈出了滑坡体的范围，但这里需要注意的是因影像没有进行地形校正，所以其面积不能反映滑坡体的真实情况。

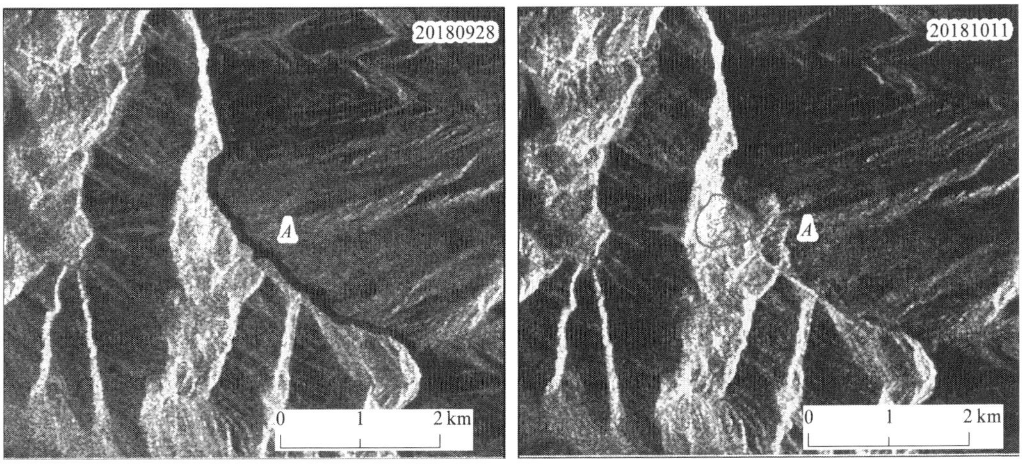

（a）滑坡前　　（b）滑坡后

图 3.65　白格滑坡前后 SIA SAR 影像（S1A，C 波段，假彩色合成）

在利用 DEM 对 SAR 影像进行地理编码后，影像中山体的畸变已经校正，无法准确识别滑坡体的边界（图 3.66），可能需要结合 SAR 升轨影像进行解译，或者使用更高分辨率的 SAR 数据进行解译，以减少地形的影响。

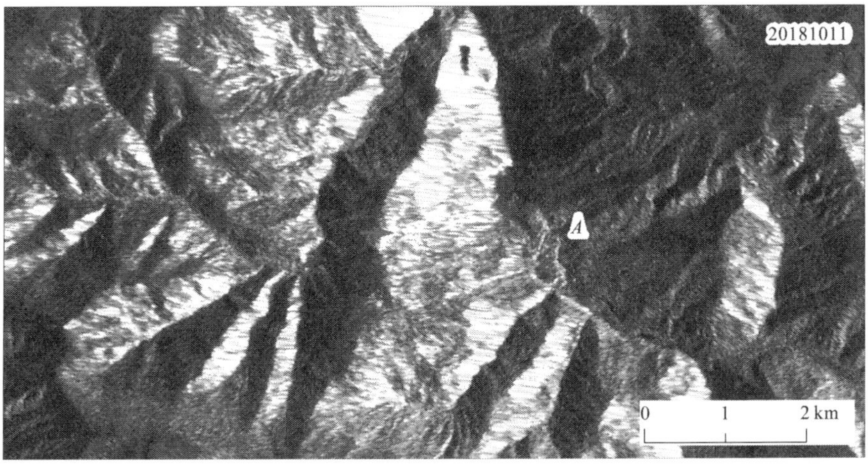

图 3.66　利用 DEM 进行地理编码后某地第一次滑坡后 SAR 影像

3.6.2　泥石流 SAR 调查

泥石流是指在山区或者其他沟谷深壑、地形险峻的地区，因为暴雨、暴雪或其他自然灾害引发的山体滑坡并携带有大量泥沙以及石块的特殊洪流。在地貌上，泥石流的地貌一般可分为形成区、流通区和堆积区三部分。上游形成区的地形多为三面环山，一面出口为瓢状或漏斗状，地形比较开阔、周围山高坡陡、山体破碎、植被生长不良，这样的地形有利于水和碎屑物质的集中；中游流通区的地形多为狭窄陡深的峡谷，谷床纵坡降大，使泥石流能迅猛直泻；下游堆积区的地形为开阔平坦的山前平原或河谷阶地，使堆积物有堆积场所。

由于泥石流的突发性，在未发生泥石流前很难用 SAR 进行识别，仅能结合降雨等其他因素综合判断泥石流发生的可能性。利用 SAR 进行泥石流的识别，主要是在发生泥石流之后，对泥石流的形成区、流通区和堆积区进行解译，判断泥石流的危害程度。一般情况下有些地区因地貌条件、降雨条件和物质堆积条件，泥石流会频繁发生，结合已发生的泥石流情况，考虑上述要素，可以评估该区域泥石流发生的可能性，并提出提前预警措施。这里主要利用泥石流发生前后 SAR 影像对比，分析解译泥石流的特征。

1. 泥石流基本情况

当地时间 2018 年 1 月 9 日凌晨，美国加利福尼亚州圣芭芭拉县蒙特斯托发生泥石流。在此之前，山火烧毁了蒙特斯托北部山区的密集树林，随之而来的大雨引发了大规模泥石流。泥石流沿着 4 条冲沟冲向下游，很多房子被冲毁，造成严重的人员伤亡和经济损失。据报道泥石流造成的直接经济损失达到 1.8 亿美元，而后期的清理费用至少需要 0.5 亿美元。图 3.67 为蒙特斯托地区 Google 影像，图中箭头指出了 2018 年泥石流沟口的位置。

图 3.67　蒙特斯托地区 Google 影像

2. 泥石流解译

与滑坡体的雷达解译方式类似，泥石流的解译同样是基于 SAR 影像幅度差异进行。

根据 S1A 雷达卫星的数据覆盖情况，收集泥石流发生前和发生后的 S1A 两景双极化数据，前一景数据采集于 2018 年 1 月 3 日，后一景数据采集于 2018 年 1 月 15 日。

为了突出对比泥石流发生前后的差异，这里采用极化合成为假彩色图像（图 3.68，图 3.69，箭头指向泥石流的通道）。通过对比发现了 4 条泥石流流通通道。

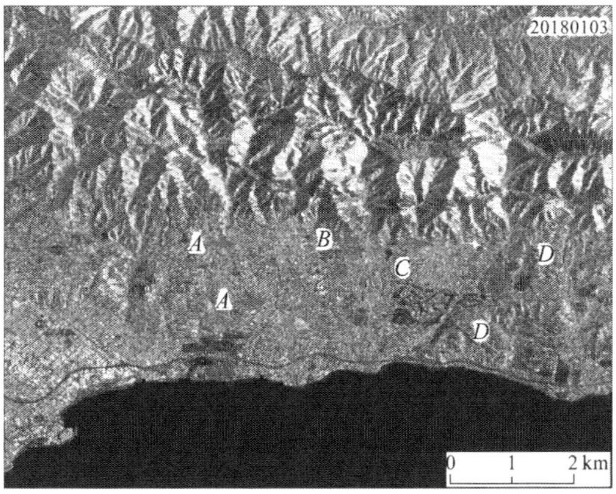

图 3.68　泥石流发生前的 SAR 影像（VH、VV、VH/VV 组合）

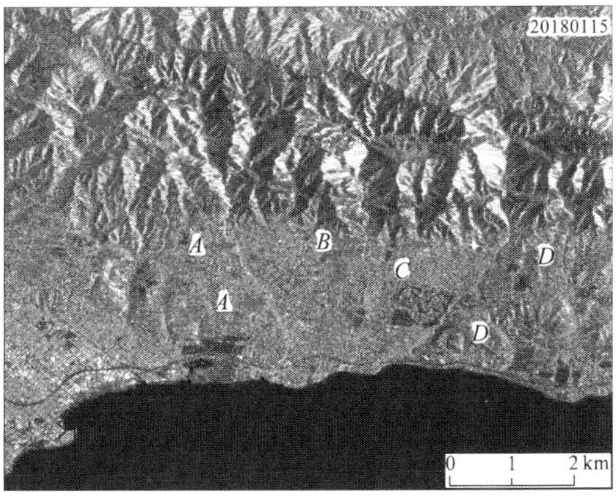

图 3.69　泥石流发生后的 SAR 影像（VH、VV、VH/VV 组合）

通道 *A* 是最明显的一条泥石流通道。对比图 3.68 和图 3.69，泥石流严重破坏了原有的地表特征，在 SAR 影像上形成较为明亮的通道，一直延伸至海中。

通道 *B* 的特征也比较明显，在箭头所指位置形成一条非常明显的线状区域，并向下延伸。但是在图 3.69 中延伸一段距离后变得不太明显，但仍然可以看出其随着地形延伸至海中。

通道 *C* 仅仅在冲沟出山口的位置有一些变化。

通道 *D* 也比较长，从出山口一直延伸到海中，其通道特征比较明显。

对比 4 条通道可以发现，在这场泥石流灾害中，泥石流的规模与其上游物质区的面积密切相关。泥石流通道 *A* 上游的汇水面积最大，泥石流通道 *C* 上游的汇水面积最小，因此在相同的降雨条件和地表松散堆积物条件下，泥石流通道 *A* 的破坏力和影响范围最大。

第4章

军事地质要素活动特征提取

地球一直处于不断的变化之中，由地球内动力引起岩石圈地质体变形、变位的机械运动称为构造运动。构造运动是造就当前全球地形地貌的主要因素之一。青藏高原的南北向构造表现为脆性变形引起的裂谷、地堑和断陷带等张性构造和塑性变形引起的南北向的褶皱。南北向的构造运动不仅造就和影响着从高原南下的重要战略通道，而且会引发一系列的地质灾害，影响战略通道的安全稳定。为了安全通过这些区域，就需要掌握地质灾害发生的背景、诱因，评价其发生的概率，选择有利的时间以避开地质灾害。因此，从宏观和微观尺度了解构造运动的特征，并在军事规划中趋利避害，对军事活动具有重要意义。

本章将结合实例，简要介绍活动断层、滑坡地质灾害两个主要的活动性军事地质要素的调查方法，同时以内华达地下核试验场为例，介绍现代核试验引起的形变调查方法。

4.1　活动断层特征 SAR 调查

断层在遥感影像上主要表现为地表岩体的错位。根据断裂的规模大小，断层破裂面两侧岩块发生显著相对位移，有的位移可以达到十几千米，有的只有几米。而活动断层则是第四纪以来有活动的断裂，未来有可能发生活动。活动断层的存在，严重影响永备工事的选址、工程构筑等，由活动断层引起的地震、山体崩塌等地质灾害也同样影响工程设施、人员装备的安全，因此有必要对活动断层的特征进行调查。通常情况下，可以利用多时相的 SAR 数据，通过 DInSAR 或 PSInSAR 对断层的活动性进行分析，或者与其他数据协同，以获得断层的活动特征（Fornaro et al.，2012；Vallone et al.，2008；Van der Sanden，2004；Rogge et al.，2003）。

4.1.1　活动断层特征

1. 活动断层的定义

活动断层，是指第四纪以来有活动的断层。活动断层现今仍在活动或近代地质时期曾有过活动，将来还可能重新活动。早期学者对活动断层的时间定义有不同的看法，有的将第四纪开始以来活动过的断层都归为活动断层，有的将活动断层的时间上限限定在更新世，有的则限定于近 35 000 年以来，也有的认为只限于全新世之内。

美国原子能委员会在 1973 年对活动断层做出了三条规定：①在 35 000 年内发生过一次或多次活动的断层；②与活动断层有联系的断层；③沿着该断裂带仪器记录到小的地震活动或多次的历史地震事件，或者该断层发生过蠕动。近年来，我国在城市地质调查中将晚更新世（150 000 年）以来活动过的断层定为活动断层。

从工程建设的角度，主要考虑活动断层在工程使用年限内是否会发生活动。但是对于活动断层，由于其前期的活动性，在同一构造体系和应力环境下，活动断层会继续活动。军事地质调查中应考虑断层的活动情况和运动状态。

2. 断层活动性分类

多年的研究表明，活动断层一般是沿着已有的断层长期活动，或者是复活的老断层，以及由地震产生的新的活动断层。活动断层的活动方式有两种：以地震方式产生突然的滑动这种断层称为地震断层或者黏滑型断层，或者是沿着断层面的两侧岩层连续缓慢地滑动，这种断层称为蠕变断层或者蠕滑型断层。

对于地震断层，其周边围岩强度高，断裂带锁固能力强，能不断地累积应变能。当应力达到一定极限强度后突然产生滑动，快速地强烈释放应变能，形成地震。现代测量证据表明，同一条断层在不同时期和不同区段，其活动方式可以交替出现。一般情况下，活动断层的活动强度与其长度和错动速率密切相关。大型活动断层长度可以达到数百千米或上千千米，活动性非常明显；而长度较小的活动断层，其互动性相对较弱。如美国西海岸的圣安德烈亚斯断层，其活动性标志非常明显，发生过多次大地震，具有强烈的活动性。美国地质学家一直担忧其突然发生活动，引发美国西部大规模的地震灾害。当前美国通过重复精密测量、密集的地震台网监测对圣安德烈亚斯断层进行长时间的监测，发现该断层平均每年滑移量在 3 cm 以上，属于强烈的活动断层。

3. 断层对军事设施的影响

活动断层对工程建筑物的影响表现在两个方面。一方面由于活动断层的地面错动直接损害跨越该断层修建的建筑物，有些断层错动时产生的地面形变也会影响邻近的建筑物。另一方面是伴有地震发生的活动断层，强烈的地震对较大范围内的建筑物均有一定的损害。

2018 年 11 月，美国阿拉斯加埃尔曼多夫–理查德森联合空军基地被活动断层诱发的里氏 7.2 级地震所影响（图 2.16），导致基地内部分建筑物被严重损毁，周边的道路损坏严重。据美联社报道，由于前期防护措施得当，F22 战机没有受到影响。因此，在军事重大工程建设过程中，必须对工程所在区域的地质条件和地质稳定性进行调查，评估其对工程的影响。而活动断层对军事筑城、设施建设都有较大的影响，工程选址尽可能避开活动断层，或者通过其他工程手段尽可能减少断层的影响。

4.1.2 利用 DInSAR 进行活动断层调查

利用 DInSAR 技术进行活动断层调查，其本质上是利用雷达返回信号的相位信息对地表变化的敏感性展开调查。Gabriel 等（1989）首次论证了 SAR 干涉测量可用于探测厘米级的地表形变，他利用 Seasat L 波段 SAR 测量美国加利福尼亚州东南部的英佩瑞尔河谷灌溉区的地表形变信息。Massonnet 等（1993）利用 ERS-1 SAR 数据获取了 1992 年的 Landers 地震的形变场，并将 DInSAR 的测量结果与其他类型的测量数据以及形变模型进行比较，结果相当吻合。

利用 DInSAR 技术进行活动断层调查，需要利用两景不同时相的 SAR 数据，通过干涉处理获取干涉数据，然后利用外部 DEM 数据去除地形效应，得到地面的形变信息，进而分析断层的活动性（Bhattacharya，2012）。

一般情况下，DInSAR 的结果不但受到所选择的 SAR 数据的临界基线距离的限制和时间去相干的影响，还会受到大气的影响，DInSAR 在某些条件下只能监测到活动断层在地震前后的形变信息，需要结合地震模型来反演断层的活动特征。这里以伊朗巴姆地震为研究对象，说明 DInSAR 在地震断层调查中的应用。

1. 巴姆地震基本情况

2003 年 12 月 26 日格林尼治时间 01 时 56 分 52 秒，伊朗东南部发生里氏 6.5 级强地震，震中位于南部克尔曼省有千年历史的古城巴姆附近，震中 28.995°N，58.311°E。强震摧毁了伊朗历史古城巴姆，也造成其东南侧的卫星城受损，造成 30 000 余人死亡、30 000 余人受伤（苏卫江 等，2004）。

在 2003 年 12 月 26 日巴姆地震前，巴姆地区无较大地震的记载。巴姆地震的发震断层并非已经探知的巴姆断层，而是巴姆断层以西存在的一条约 20 km 长的隐伏断层。Stramondo 等（2005）利用 DInSAR 技术详细分析了地震引起的地表形变特征。图 4.1 为巴姆地震震中位置及 SAR 影像覆盖情况。

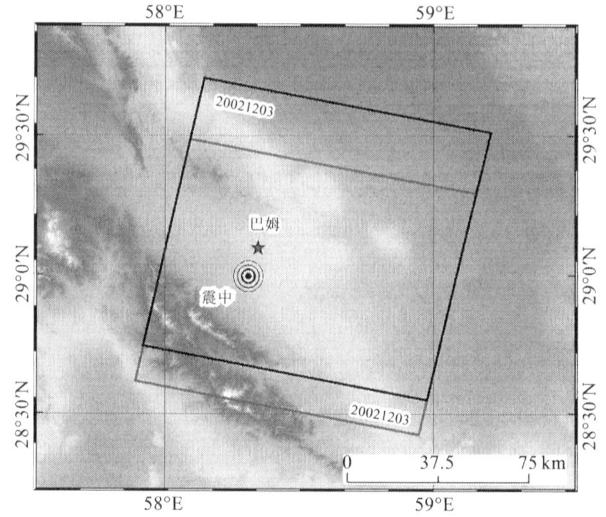

图 4.1　巴姆地震震中位置及 SAR 影像覆盖情况

2. DInSAR 数据处理及结果分析

ENVISAT 卫星记录了地震发生前后该地区的雷达影像。为了利用星载合成孔径雷达差分干涉测量技术获取巴姆地震引起的形变场，分析断裂构造特征，ESA 免费提供了 7 景 ENVISAT ASAR 数据，均为 SLC 产品，VV 极化。这里选择震前 2003 年 12 月 3 日的 SAR 数据作为主影像，选择震后 2004 年 2 月 11 日的数据为辅影像进行差分干涉处理，利用 SRTM DEM V4.1 消除平地效应。这两景影像的时间基线为 70 d，垂直基线为 33 m，以保证干涉像对具有较好的相干性。

经过处理后，得到巴姆地区差分干涉雷达相干图（图 4.2）和相位图（图 4.3）。从图 4.2 中可以看出，整个相干图中山区和农业区出现了较低的相干性，理论上相干性比较好的巴姆城区及其卫星城市出现了非常低的相干性，表明地震已经严重破坏了这两个城市的地表建筑。同时在巴姆城区之南出现一条线性的低相干条带（箭头所指），这是由地震导致的地表破裂带，是断层在地表的直接反映。震中位置采用了 USGS 所公布的巴姆地震信息。

因此，断层在地表出露的形态可以通过相干图特征显示出来。图 4.3 中线条反映了断层的展布特征。图中的干涉条纹反映了地表形变场的特征，每个条纹代表 2.8 cm LOS（line of sight，视线向）形变。

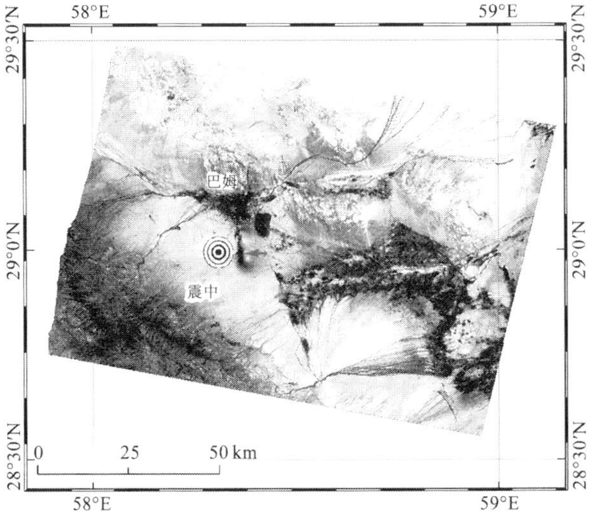

图 4.2　差分干涉像对相干图

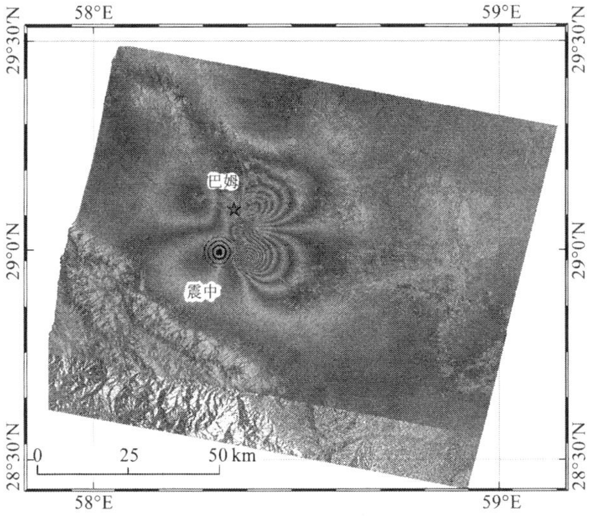

图 4.3　差分干涉像对干涉图

将差分干涉相位图解缠处理，得到 LOS 方向上的形变量，其空间特征如图 4.4 所示。图中，正值代表地表向卫星方向运动，负值代表地表远离卫星方向。

从图 4.4 中可以看出，巴姆地震引起的最大 LOS 向隆升形变量约 29.7 cm，最大 LOS 向沉降形变量约−18.1 cm，形变场呈现“蝴蝶状”特征。形变场以近南北向的地震破裂带为分界线，东侧形变量远大于西侧形变量；同时，“蝴蝶状”南部两翼为视线向隆升形变，北部两翼为视线向沉降形变，反映出巴姆地震具有强烈的走滑性质，且走滑主动盘位于地震破裂带东侧，其干涉形变量较大。

但是由于单一降轨干涉像对进行干涉处理获得的仅仅是一个方向上的形变矢量，无法求解地表南北向、东西向和垂直方向的真实变化。为了解决这一问题，一般采用升轨干

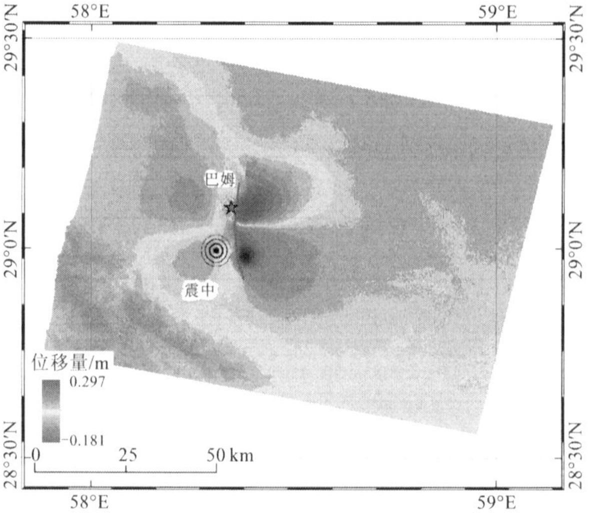

图 4.4　巴姆地震形变场图

涉和降轨干涉分别处理，然后统一解算的方法来完成。但是有时为了处理方便，也可以采用像素偏移（pixel offset）技术来获取地面形变信息。

图 4.5 是利用像素偏移技术获得的地面形变信息（大块的蓝色部分为空值区域），其形变特征与干涉测量形变场类似。方位向形变量大部分介于−0.3～0.3 m，地震破裂带东侧为正值，说明其具有顺轨道方位向往南走滑形变特征；西侧为负值，说明其具有逆轨道方位向往北走滑形变特征。因此整体上，该断层的活动性为右旋走滑断层，导致断层西北翼隆升、向北西向运动，东北翼沉降、向南西向运动，东南翼隆升、向南东向运动。

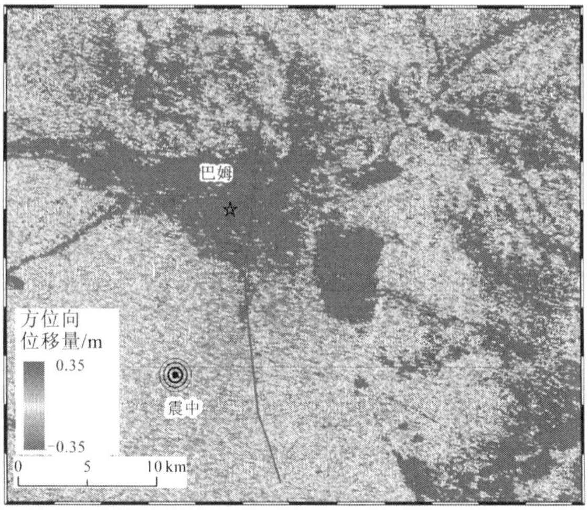

图 4.5　利用 SAR 数据获取的方位向偏移量

显然，在地震之后，地面形变区域的地下及地表建筑物都会受到一定程度的影响，距离震中越近，受到的影响程度越大。这对评估工程设施安全性具有重要参考价值。

4.1.3　利用 SBAS 技术进行活动断层调查

地震断层的活动会引发地表变形，这种变形场容易被 DInSAR 技术所获取。但是对于蠕变断层或者蠕滑型断层，它是断层两侧的岩体相对缓慢移动，移动速度一般小于 2 cm/a，DInSAR 技术很难从大气和 DEM 误差引起的相位信息中分离出两侧岩体的相对位移信息。PSInSAR 技术是在 DInSAR 技术的基础上，由 Ferretti 等（2001，2000）提出利用同一主影像的多时相 DInSAR，在 SAR 影像上选择合适的永久散射体，通过空间和时间两个方向对 20 个以上的干涉像对信息进行处理，以获得地面的高精度变形信息。根据前人的研究，利用 PSInSAR 技术可以获得毫米每年的地面形变信息。PSInSAR 类技术是在 PSInSAR 技术的启发下，同样利用多时相 DInSAR 技术进行类似算法处理以获得地面形变信息的技术，如 SBAS（small baseline subset，短基线集）技术（Berardino et al.，2002）。邱江涛（2008）利用 SBAS InSAR 技术开展流程处理，并获取阿尔金断裂中段地区现今地壳形变速率场，并对断层的活动特征进行了详细的评价。这里选择美国圣安德烈亚斯断层为研究对象，结合 S1A 雷达数据，采用 SBAS 技术进行断层活动性调查。

1. 断层基本情况

圣安德烈亚斯断层（图 4.6），位于向西南运动的北美洲板块和向西北运动的太平洋板块交界处，贯穿了美国加利福尼亚州，长约 1 300 km，断裂面伸入地面以下约 16 km。它是两侧板块相互剪切滑动形成的，是地球表面最长和最活跃的断层之一（何子晨 等，2019）。圣安德烈亚斯断层以西的太平洋板块及以东的北美洲板块正分别向西北和西南方向移动，平均每年相对滑动距离可以达到 5 mm。但是根据 Khoshmanesh 等（2018，2015）利用 ERS 和 ENVISAT 进行 SBSA 观测结果发现，旧金山南部地区的圣安德烈亚斯断层在 2003～2011 年，其相对滑动的速率达到了 32 mm/a，这一结果表明该断层是一个活动强度非常高的活动断层。

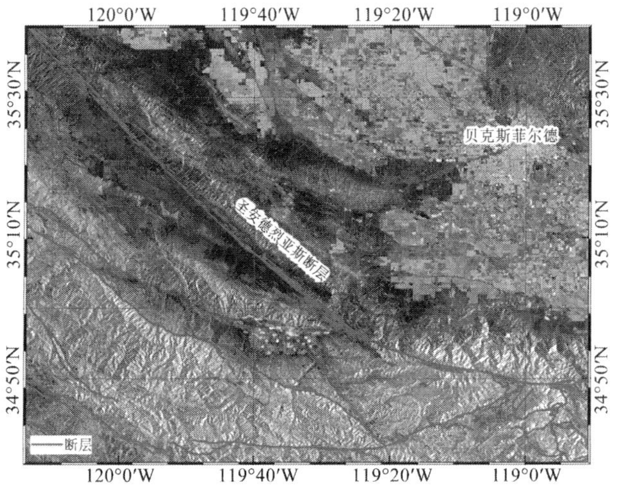

图 4.6　圣安德烈亚斯断层贝克斯菲尔德部分 SAR 影像

但是，近期该断层活动性具有加强的趋势，这引起了众多学者的密切关注。甚至部分学者警告该断层可能会引发 7 级以上的强烈地震，对美国西海岸旧金山一带造成严重的经济损失和人员伤亡。

2. SBSA 数据处理及结果分析

利用近年来的 S1A 卫星 C 波段雷达数据，采用 SBAS 进行数据处理，以获得断层两侧的运动情况。与 PSInSAR 技术相比，SBAS 技术可以显著增加相干影像对的数目，解决了时间、空间失相关和大气效应对 InSAR 的影响，提高了识别的效果，且 SBAS 技术更关注于区域面的运动特征。因此，在圣安德烈亚斯断层断层活动性监测中使用了 SBAS 技术。

为此收集覆盖该区域的 S1A 雷达数据，共计 30 景。通过前期处理最终选择其中的 17 景进行 SBAS 处理，由这些数据形成的干涉像对如图 4.7 所示。为了减少数据处理中的工作量，选择了其中的一部分进行处理，得到的结果如图 4.8 所示。

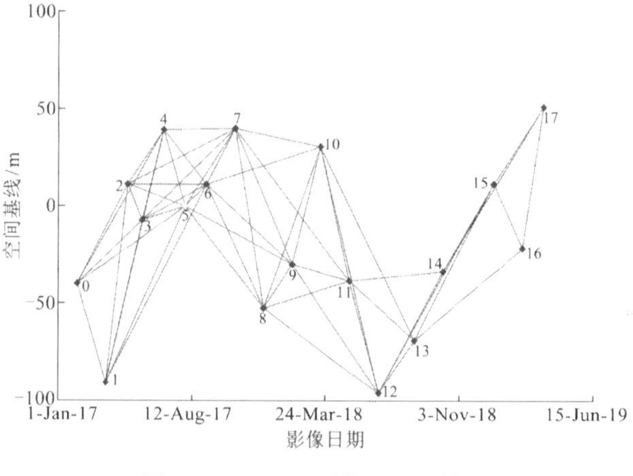

图 4.7　SBAS 干涉像对选取情况

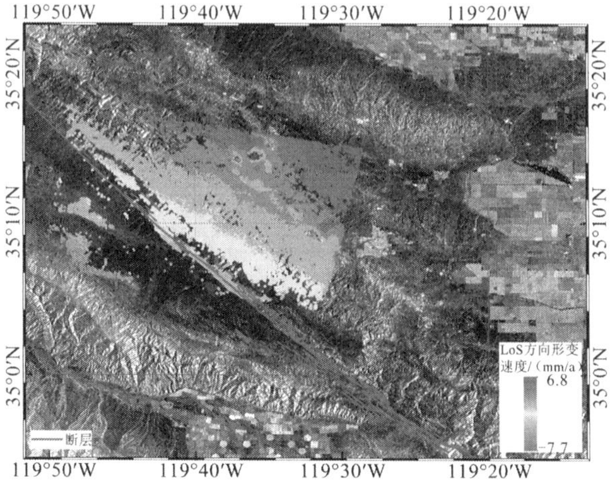

图 4.8　圣安德烈亚斯断层两侧 LOS 方向形变速率图

从图 4.8 可以看出，在圣安德烈亚斯断层的两侧，出现了明显的位移差。其中断裂带上侧向卫星方向移动，平均移动速度约为 6 mm/a，而在断裂带的下侧部分远离卫星，平均运动速度约为 6.5 mm/a，反映了两个板块之间相对运动的特征。这一结果与 Khoshmanesh 等（2015）结果相比，尽管在运动速率上有一定的差异，但是在运动的方向上具有明显的一致性。

因此，利用 SBAS 技术进行活动断裂的监测是可行且可靠的，能够长时间监测断层的运动情况，为工程建设和减震防灾服务，同样可以作为军事地质的一部分，为军事活动、军事筑城等服务。

4.2 滑坡体活动特征调查

4.2.1 滑坡体的运动特征

滑坡体，指滑坡发生后与母体脱离开的滑动部分。滑坡的特点是顺坡“滑动”，是在重力作用下，物质由高处向低处的一种运动形式。因此其“滑动”的速度受地形坡度的制约，在同等外部条件下，当地形坡度较缓时滑坡体的运动速度较为缓慢；地形坡度较陡时滑坡的运动速度相对较快。

滑坡的发生、发展过程，是一个累进性变形的过程。一般情况根据滑坡体活动的运动学特征，将滑坡体活动分为 4 个阶段：蠕滑阶段、滑动阶段、剧滑阶段和稳定阶段。遥感对于滑坡体活动特征的调查或监测，主要集中在滑坡体的蠕滑阶段。在这一阶段，斜坡坡肩附近及坡体某些部位出现拉张裂缝，滑坡体内局部剪切破坏面亦出现，并向贯通性的滑面方向发展，蠕滑阶段的持续时间与斜坡中应力集中和分异的速度以及外力作用的强度有关，一般持续时间较长。这一阶段可以用差分干涉测量技术进行监测。

4.2.2 利用 DInSAR 进行滑坡体调查

为了监测滑坡体的活动性特征，收集多期次的 S1A 雷达数据，结合 SRTM V4.1 DEM 数据，对滑坡体滑动前的特征进行一系列分析。利用 4 期灾前（2018 年 9 月 4 日～10 月 10 日，每间隔 12 d 一期）数据，开展 DInSAR 技术处理，发现该滑坡一直在持续发生形变。

9 月 4 日～9 月 16 日，该山体斜坡中上部形变特征明显［图 4.9（c）］；至 9 月 28 日，斜坡上部持续保持变形［图 4.9（b）］；至 10 月 10 日，整个斜坡体形变特征更为明显，形变量级及范围均有显著增加，对岸亦有形变特征出现［图 4.9（a）］，直至 11 日凌晨发生山体滑坡（箭头指示滑坡体位置）。图 4.9（a）显示在第一次滑坡之后，坡顶部（滑坡后缘区）出现了明显的位移，表明存在二次滑坡危险。

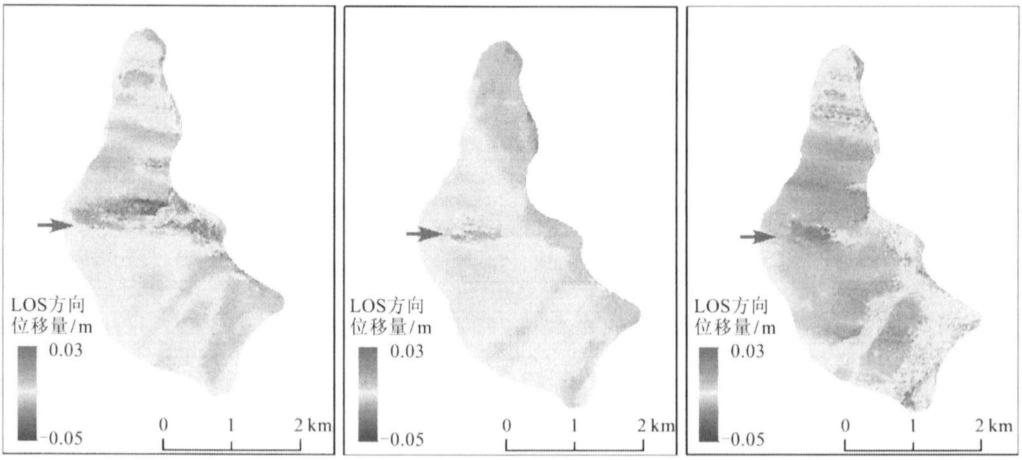

（a）20180929～20181010　（b）20180916～20180929　（c）20180904～20180916

图 4.9　利用 DInSAR 获得的滑坡体滑动前后及滑动前的情况

根据其他团队的研究发现，该滑坡区早在 2011 年之前便存在显著形变，滑坡后壁已经基本连通，滑坡中后部发育多处中小型滑塌。2011～2015 年滑坡体上变形整体呈加剧趋势，但未发生剧烈的位移变化。但是在 2018 年该滑坡位移持续增强，最终出现滑坡。

因此，DInSAR 技术在一定程度上可以持续地监测重点地区滑坡体的活动性特征，这对掌握战略通道安全性具有重要意义。但是由于 DInSAR 技术和滑坡灾害本身的特点，使其在应用上存在一定局限性。干涉数据获取时间内若地表植被变化过大、大气条件变化、成像角度变化、滑坡形变变化过快、滑坡变形过多等都会造成时间、空间失相关，最终导致无法获得有效的结果。因此传统的 DInSAR 技术往往只针对单次时间间隔的形变，且大多数只适合低速、大面积、植被覆盖较少、地形变相对平缓区域的滑坡体的活动性监测。

4.2.3　利用 PSInSAR 进行滑坡体调查

由于 PSInSAR 更关注于永久散射体点的形变情况，利用 PSInSAR 技术，通过对超过 20 景数据进行处理，以获得滑坡体的形变特征。

1. 数据选择

根据数据覆盖情况、轨道特征和垂直基线情况，选择和 2017 年 9 月～2018 年 9 月的 29 景 S1A 卫星的雷达数据进行处理，选择 SRTM V4.1 作为参考 DEM，以获得滑坡的滑动时序特征。在 PSInSAR 处理过程中，只需要一景影像作为主影像，因此其干涉像对的选取与 SBAS 完全不同（图 4.10）。

2. PSInSAR 处理结果分析

利用 PSInSAR 技术，对研究区的滑坡体滑动特征进行提取。为了获得较好的效果，

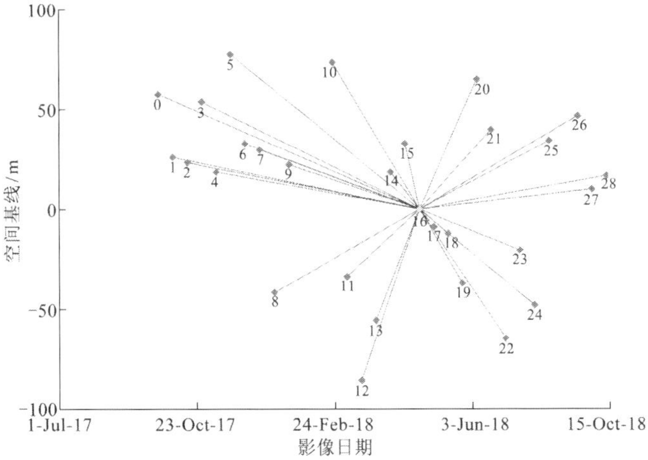

图 4.10　S1A 雷达数据的时间和基线分布情况

在处理过程中降低了永久散射体点选择的要求。经过处理，获得了滑坡体近 1 a 的活动特征，如图 4.11 所示。

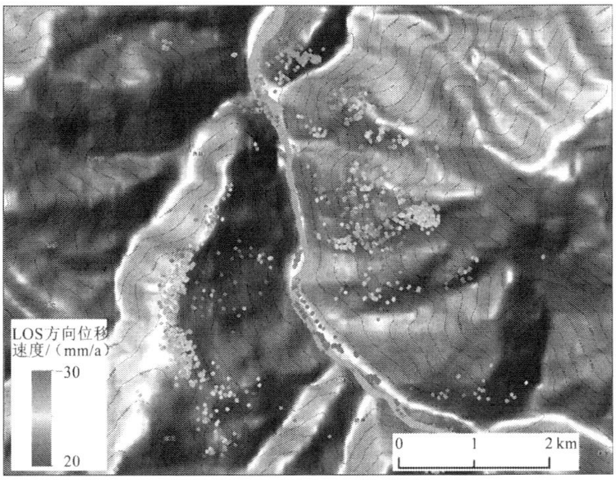

图 4.11　滑坡体及周边的 LOS 方向位移速度图

从图 4.11 中可以看出，自 2017 年 9 月至滑坡前，该滑坡体顶部已经开始出现裂隙，在图中表现为向卫星方向移动，速度大约为 16 mm/a；滑坡体自身则出现远离卫星的情况，速度在 10 mm/a，这一情况表明滑坡体已经开始出现轻微的滑动现象。在滑坡体对面的斜坡上，同样出现了地表物质远离卫星方向的现象（红色点区域），表明有可能出现了山体或坡面物质的位移情况。因此，该滑坡为在长期重力作用下处于蠕滑变形中的岩质滑坡，2017 年 9 月以来滑坡变形呈现逐渐增大趋势，并最终失稳破坏发生大规模滑坡。

因此，滑坡体在发生滑坡灾害前，已存在明显的、可被遥感技术感知和发现的形变信息。但是单纯依靠 DInSAR 可能会带来误差信息，需要 PSInSAR 类技术进行分析，以获得滑坡体的长期形变信息，确认其危险程度以满足评价需求。

4.3　地下核试验特征调查

地下核试验是把核弹放到一定深度的地下进行核爆炸，以验证所试验的核弹头是否满足设计要求，验证理论计算和工程设计是否正确，以改进设计和为生产提供科学依据等。目前公开报道的最近一次地下核试验是 2017 年 9 月 3 日朝鲜在其丰溪里核试验场进行的第 6 次核试验。一般情况下，地下核试验会产生地震波，并在地表形成塌陷。前者可以被遍布全球的地震监测台站监测到（Springer，2002），后者可以通过光学遥感直接调查（Canty et al.，2001）或利用 DInSAR 技术进行监测调查。利用 DInSAR 已经获得了诸如美国核试验及朝鲜核试验在内的众多核试验的特征（Conga et al.，2007；Vincent et al.，2003），利用地震监测数据和 DInSAR 数据，获取朝鲜第 6 次核试验的地面形变信息，并分析其地面形变的时间过程（Wang et al.，2018；Wei，2017）。上述应用成果表明了 DInSAR 技术在地下核试验调查中具有应用潜力。

4.3.1　地下核试验引起的地面形变特征

地下核试验一般会引起地面的塌陷。在核装置爆炸时，会释放出大量的能量，使得设施安放点周围区域内相关的岩体和人工设备快速蒸发。核爆炸产生的高温和压缩的震动波会使设施安放区空间快速膨胀扩大并达到最大。随后几小时或几天后，地下空间会发生坍塌，在地表形成一个圆形的坑，被称为同震坍塌坑。图 4.12 为由地下核试验导致同震坍塌坑形成机理图，图 4.13 为美国地下核试验导致的地面沉降。

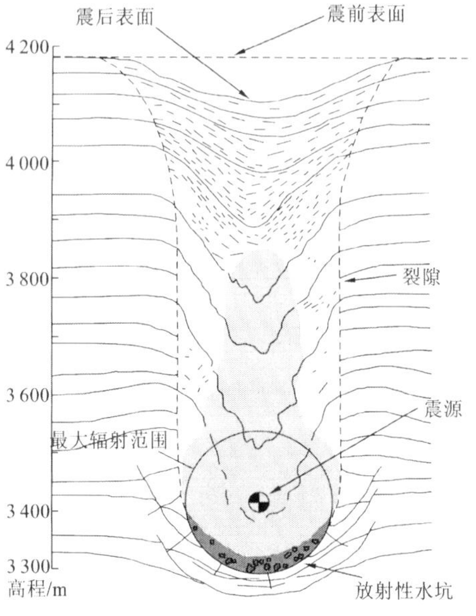

图 4.12　由地下核试验导致同震坍塌坑形成机理图［据 Teller 等（1968）修改］

图 4.13　美国地下核试验导致的地面沉降

来源：https://nuclearweaponarchive.org/Usa/Tests/NTS5_640c20.jpg

4.3.2　利用 DInSAR 进行核试验特征调查

内华达地下核试验场，位于美国内华达南部的奈伊县，距离洛杉矶西北部大约 105 km，位于 E116°03′，N37°07′。1963 年美、英、苏之间签署除地下外禁止一切核试验的条约后，这里成为美国唯一的地下核试验场。从 1962～1992 年进行了超过 1 000 次的地下核试验。在地表形成大量的同震坍塌坑。其中，1992 年进行的核试验见表 4.1。

表 4.1　美国内华达州 1992 年地下核试验情况

核试验代号	时间	N	E
JUNCTION	19920326	37°16′20″	116°21′35″
DIAMOND FORTUNE	19920430	37°14′03″	116°09′26″
VICTORIA	19920619	37°00′19″	116°00′37″
GALENA	19920623	37°07′26″	116°01′52″
HUNTERS TROPHY	19920918	37°12′25″	116°12′36″
DIVIDER	19920923	37°01′14″	115°59′16″

数据来源：https://nuclearweaponarchive.org/Usa/Tests/Nevada.html

为了调查核试验引起的地面特征，需要获取核试验前后的 SAR 数据进行分析。由于某些方面的限制，无法下载到美国核试验时（1992 年）覆盖该区域的 ERS-1/2 数据。因此以 Conga 等（2007）的文献为基础，简要介绍 DInSAR 在地下核试验监测中的应用。

1. 核试验前后地面形变

在内华达地下核试验场进行的核试验中，1992 年 6 月 23 日和 9 月 23 日的试验恰好位于 ERS-1 的两次观测期间。利用 1992 年 4 月 24 日和 1993 年 6 月 18 日的 ERS-1 SAR 数据，Conga 等获得了两次核试验所形成的地面同震坍塌坑的干涉信息（图 4.14）。

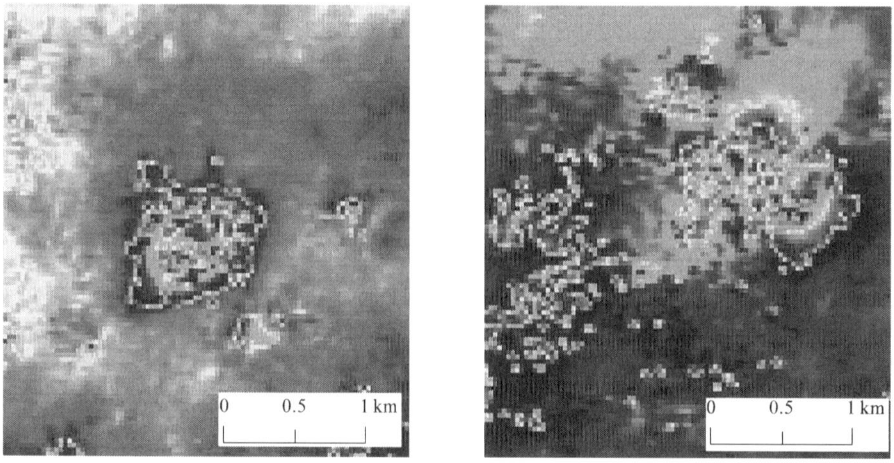

（a）GALENA　　（b）DIVIDER

图 4.14　两次核试验所产生的干涉条纹（Conga et al.，2007）

从图 4.14 可以看出，尽管两景 SAR 数据间存在 14 个月的时间基线，但是仍然保持了较好的相干性。图中 GALENA 同震坍塌坑坑体的边缘非常清晰，而 DIVIDER 同震坍塌坑坑边缘较为模糊。这主要是由于地面沉降量过大，GALENA 和 DIVIDER 核试验分别产生了直径 134 m、深度 8 m 和直径 122 m、深度 3 m 的同震坍塌坑。这一深度超出了 C 波段雷达信号所能够识别的范围，在坑体内去相干严重，无法形成完整的干涉条纹。这里需要注意的是“实际震心并不一定为形变区域的中心处”，二者间存在 100 m 左右的误差（Conga et al.，2007）。

2. 核试验之后的坑体特征

在经过核试验后，坑体所产生的地面形变信息仍然可以被 DInSAR 所测得（图 4.15）。Conga 等（2007）认为这可能有两个原因。第一个原因是由于参考 DEM 保持不变，差分干涉图上的代表坑体位置的干涉条纹是在差分干涉处理过程中，由 DEM 模拟的信号中仍然包含着同震坍塌坑没有形成之前的信息，当干涉结果在去除地形因素时不可避免地引入了原有的信息；另外一个原因是同震坍塌坑仍然处于向下塌陷状态。但是根据 InSAR 处理经验，前者的因素可能性更高。

如果核试验位于山区而不是和内华达地下核试验场一样处于较为平坦的地区，为了监测核试验引起的同震坍塌坑就必须要使用高分辨率的 SAR 数据。如 Wang 等（2018）在分析朝鲜第 6 次核试验引起的形变信息时，就采用了高分辨率的 TerraSAR-X 数据，以

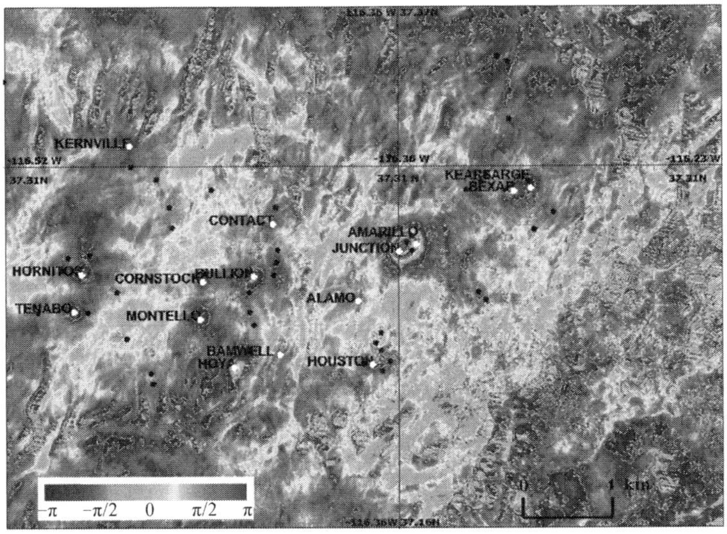

图 4.15　多次核试验所产生的坑群的干涉条纹（Conga et al.，2007）

保证具有较好的观测效果。某些情况下，在断层附近进行核试验可能会同步诱发地震，两者所引起的地表形变信息叠加在一起。为分离两种不同来源的地表形变，就需要对地震监测台网所监测到的信号进行分析，识别出地震所产生的信号，反演地震参数（韩绍卿等，2010）和地震引起的地表形变；同时借助于高分辨率的 SAR 数据提取地表形变，在剔除地震形变信息后，可以获得核试验所产生的地表形变。

参 考 文 献

《工程地质手册》编委会, 2018. 工程地质手册. 第5版. 北京: 中国建筑工业出版社.

阿布都拉·阿不都卡地尔, 崔静月, 岳文丽, 等, 2018. 基于多源遥感协同的土体类型遥感解译. 第十七届全国数学地质与地学信息学术研讨会, 10月12-14日, 合肥.

哀树文, 2007. 军事地理学. 北京: 中国大百科全书出版社.

安跃文, 2005. 数字地球中的虚拟现实技术及其军事应用//中国地球物理学会.陕西地球物理文集(五)国家安全与军事地球物理研究: 4-5.

毕思文, 2003. 地球系统科学. 第2版. 北京: 科学出版社.

蔡中祥, 刘建忠, 谭兴平, 2001. 军事地理学在未来战争中的发展问题. 测绘学院学报, 18(增刊1): 84-86.

蔡钟业, 付家豪, 1986. 阵地工程地质学. 解放军工程兵工程学院训练部教材: 1-14.

曹志国, 常文革, 2013. 星球次表层探测雷达回波仿真. 现代电子技术: 36(19):15-19.

常士骠, 张苏民, 2006. 工程地质手册. 第4版. 北京: 中国建筑行业出版社.

陈丁, 2011. 基于雷达影像活动断裂信息提取方法与示范应用研究. 济南: 山东科技大学.

陈曦, 钟雪莲, 2019. 多极化SAR图像目标的智能识别应用研究. 空军预警学院学报(1): 20-24.

陈科文, 张祖平, 龙军, 2013. 多源信息融合关键问题、研究进展与新动向. 计算机科学, 40(8): 6-11.

陈伟涛, 王力哲, 董玉森, 等, 2017. 军事地质遥感理论与方法. 武汉: 中国地质大学出版社.

陈艺天, 李斌兵, 2011. 合成孔径雷达的主要发展方向和军事应用. 科技信息(33): 73-74.

崔建楠, 2015. 双极化SAR数据在古河道探测中的应用.长春:吉林大学.

邓建辉, 高云建, 余志球, 等, 2019. 堰塞金沙江上游的白格滑坡形成机制与过程分析. 工程科学与技术, 51(1): 9-16.

邓启明, 陈亦伦, 张卫杰, 等, 2008. 基于Poisson重建的极化SAR图像对比增强. 清华大学学报(自然科学版), 48(7): 1108-1111.

邓正栋, 叶欣, 龙凡, 2013. 地下水遥感模糊评估指数的构建与研究. 地球物理学报, 56(11): 3908-3916.

法文哲, 2008. 月球微波遥感的理论建模与参数反演. 上海: 复旦大学.

法文哲, 金亚秋, 2010. 雷达探测仪对月球次表层结构的探测模拟方法. 中国科学: 地球科学, 40(4): 473-485.

方涛, 张建军, 付成群, 2016. 复频探地雷达在未爆弹探测中的应用.大地测量与地球动力学, 36(3): 244-247.

高大钊, 袁聚云, 2001. 土质学与土力学. 3版. 北京: 人民交通出版社.

郭华东, 1986. 航天飞机雷达对阿拉善高原沙漠及次地表岩石的回波响应. 环境遥感, 1(1): 34-47.

郭华东, 1991a. 新疆北部地质矿产遥感探测. 遥感信息(4): 23.

郭华东, 1991b. 航天雷达遥感的作用与发展. 环境遥感(3): 202-209.

韩绍卿, 李夕海, 安跃文, 2010. 核爆、化爆、地震识别研究综述. 地球物理学进展, 25(4): 1206-1218.

韩天成, 龙凡, 冯雨林, 等, 2006. 遥感信息技术在军事水源侦察中的应用研究初探. 中国地球物理学会国家安全地球物理专业委员会. 国家安全工程地球物理研究: 第二届国家安全地球物理学术研讨会论文集//中国地球物理学会国家安全地球物理专业委员会: 中国地球物理学会, 2006: 5.

何子晨, 冯威, 朱东伟, 2019. 圣安地列斯断裂带帕克菲尔德段异常运动及其特征分析. 四川地震(1): 27-31.

胡波, 2008. PSInSAR技术监测地表形变的研究. 长沙: 中南大学.

皇甫悦, 邓启明, 张卫杰, 等, 2008. 基于极化合成孔径雷达图像的斑点滤波方法. 清华大学学报(自然科学版), 48(1): 62-65.
姜春良, 1995. 军事地理学. 北京: 军事科学出版社.
李玲, 王瑾, 王栩, 2004. 军事行动与环境保护. 中国环境管理丛书(1): 21-22.
李鹏, 2013. 宽幅 InSAR 观测阿尔金断裂带西段震间应变累积的研究. 武汉: 武汉大学.
李震, 2016. 基于 D-InSAR 技术的鲜水河地区地表形变监测研究. 北京: 北京交通大学.
李远华, 姜琦刚, 周智勇, 等, 2012. 陆域遥感军事地质图基本要素及其表达方法. 世界地质, 31(3): 614-620.
李雁斌, 王凤姣, 江利中, 2015. 小行星浅表探测雷达技术. 制导与引信, 36(1): 51-58.
林聪榕, 2014. 现代战争制胜机理的理论探讨. 国防科技, 35(1): 5-10.
刘本培, 蔡云龙, 2000. 地球科学导论. 北京: 海潮出版社.
刘传正, 2014. 中国崩塌滑坡泥石流灾害成因类型. 地质论评, 60(4): 858-868.
刘世刚, 2008. 数字地球与当代战争. 北京: 科学出版社.
刘晓煌, 孙兴丽, 刘玖芬, 等, 2016. 陆域军事地质要素的提取及成果表达. 西北地质, 49(3): 193-203.
刘晓煌, 鲁继元, 裴荣富, 等, 2017a. 军事地质工作的发展、影响与对策建议. 战略研究(3): 71-79.
刘晓煌, 孙兴丽, 毛景文, 2017b. 军事地质及其在现代战争中的作用. 地质通报, 36(9): 1656-1664.
刘晓煌, 屠义强, 2017c. 现代军事地质学的内涵及理论架构. 导航测绘(6): 71-73.
刘筱怡, 2017. 基于 SBAS-InSAR 鲜水河断裂带及蠕滑型滑坡特征研究. 北京: 中国地质大学(北京).
刘筱怡, 杨志华, 郭长宝, 等, 2017. 基于 SBAS-InSAR 的鲜水河断裂带蠕滑型滑坡特征研究. 现代地质, 31(5): 965-977.
龙凡, 1990. 赤峰山区第四系含水层的地电特征及找水规律. 物探与化探, 14(2): 144-148.
龙凡, 于德浩, 李霞, 等, 2012. 地表水信息遥感提取技术综述. 国家安全地球物理丛书(八): 遥感地球物理与国家安全//中国地球物理学会, 2012: 6.
孟树, 叶发旺, 刘洪成, 2017. 新疆乌伦古河地区卫星 SAR 影像岩性识别研究. 世界核地质科学, 34(3): 153-160.
孟红锐, 2016. 崩塌滑坡泥石流灾害成因类型分析. 资源信息与工程, 31(5): 190-193.
倪卓娅, 2012. 基于 SAR 影像的岩性分类及其在地质上的应用研究. 北京: 中国地质大学(北京).
庞丹, 潘晨, 紫晓, 2016. 高分三号: 辽阔疆域的“守望者”: 写在高分三号卫星发射成功之时. 中国航天(9): 8-12.
邱江涛, 2008. 阿尔金断裂中段现今地壳形变的时序 InSAR 研究. 武汉: 中国地震局地震研究所.
石萍, 吴仁海, 2003. 现代战争对环境的影响及战后环境恢复. 重庆环境科学(12): 182-184.
苏卫江, 苏宗正, 2004. 2003 年 12 月 26 日伊朗巴姆地震. 山西地震(2): 47-48.
孙博, 胡功笠, 刘新宇, 等, 2005. 大跨度洞库施工开挖稳定性研究. 地下空间与工程学报(5): 689-692.
孙红政, 李宏伟, 徐哲, 2017. 地质要素在工程构筑选址中的影响特性分析. 测绘与空间地理信息, 40(10): 199-201, 204.
孙兴丽, 刘晓煌, 鲁继元, 等, 2017. 现代战争特点及军事地质调查. 地质论评, 63(1): 99-112.
谭衢霖, 2009. SAR 遥感数据用于岩性识别与分类的研究.地质找矿论丛, 24(4): 349-353.
谭衢霖, 邵芸, 2003. 成像雷达(SAR)遥感地质应用综述. 地质找矿论丛(1): 59-65.
谭衢霖, 邵芸, 范湘涛, 2002. 雷达遥感的地质学应用及其进展.遥感技术与应用(5): 269-275.
汤沛, 邱玉宝, 赵志芳, 2012.合成孔径雷达(SAR)在地质、灾害应用研究中的新进展.云南大学学报(自然科学版), 34(S2): 305-313.
唐金荣, 杨宗喜, 郑人瑞, 等, 2016. 国外军事地质工作现状与发展趋势. 地质通报, 35(11): 1926-1935.
王超, 张红, 刘智, 2002. 星载合成孔径雷达干涉测量. 北京: 科学出版社.
王超, 张红, 陈曦, 等, 2008. 全极化合成孔径雷达图像处理. 北京: 科学出版社.

王康，于德浩，杨清雷，等, 2017. 军事遥感地质编图方法. 中国地质调查, 4(3): 83-89.
王杭生，蔡钟业, 1985. 军事工程地质学与未来战争. 工程兵工程学报(4): 57-61.
王立朝，温铭生，冯振，等, 2019. 中国西藏金沙江白格滑坡灾害研究. 中国地质灾害与防治学报, 30(1): 1-9.
吴克勤, 1989. 国外海洋卫星的发展及技术水平. 海洋通报(3): 91-100.
伍仁和, 2005. 信息化战争论. 北京：军事科学出版社.
邢怀学，林建平，葛伟亚，等, 2015. 海西福建沿海地区土壤环境质量评价及防治对策. 地质论评, 61(增): 118-120.
薛重生，张志，董玉森，等, 2011. 地学遥感概论. 武汉：中国地质大学出版社.
颜蕊, 2006. 沉积岩区雷达遥感成矿信息提取方法及应用研究. 济南：山东科技大学.
杨伦，刘少峰，王家生, 1998. 普通地质学简明教程. 武汉：中国地质大学出版社.
杨涛，宫辉力，李小娟，等, 2010. 成像雷达遥感地质灾害应用. 自然灾害学报, 19(5): 42-48.
杨珍, 2017. 基于 InSAR 数据的川西地区断层活动研究. 西安：长安大学.
杨梦诗，周玉杉，许兵, 2012. 利用 PALSAR 和 QuickBird 影像研究舟曲泥石流. 矿山测量(3): 34-36,39.
杨书成，黄国满，程春泉, 2019. 基于 DEM 的 SAR 影像几何定位参数校正方法. 地球信息科学学报, 21(4): 580-587.
殷宏，孙小波，许继恒，等, 2011. 军事地质信息可视化与分析. 计算机工程与设计, 32(9): 3123-3127.
于德浩，邓正栋，龙凡, 2009. 基于 MNDWI 的浅层地下水信息提取技术研究. 长春理工大学学报(自然科学版), 32(1): 91-95.
于德浩，龙凡，杨清雷, 2017. 现代军事遥感地质学发展及其展望. 中国地质调查, 4(3): 74-82.
袁磊, 2007. 极化 SAR 图像增强与分类技术研究. 成都：电子科技大学.
张栋，吕新彪，葛良胜，等, 2019. 军事地质环境的研究内涵与关键技术. 地质论评, 65(1): 181-198.
张云，姜义成, 2010. 低信杂噪比合成孔径雷达数据的预滤波处理. 系统工程与电子技术, 32(7): 1419-1421.
张国清，武向荣, 2002. 高分辨率商业遥感卫星的发展及军事应用. 现代军事(6): 38-41.
张永兴, 2008. 岩石力学. 北京：中国建筑工业出版社.
张召忠, 2004. 打赢信息化战争. 北京：世界知识出版社.
张直中, 2000. 合成孔径雷达遥感技术及其应用. 火控雷达技术(1): 1-7.
赵少华，秦其明，沈心一，等, 2010. 微波遥感技术监测土壤湿度的研究. 微波学报, 26(2): 90-96.
赵为伟, 2006. 合成孔径雷达的技术特点及在军事中的应用. 国防技术基础(8): 34-37.
郑鸿瑞，徐志刚，甘乐，等, 2018. 合成孔径雷达遥感地质应用综述. 国土资源遥感, 30(2): 12-20.
郑万基，孙倩，刘小鸽, 2018. 利用 Sentinel-1A 数据和 TCP-InSAR 技术监测金沙江中游兴培当至草可都段滑坡. 测绘工程, 27(9): 51-58,63.
周辉，杨文涛, 2005. 合成孔径雷达卫星的特点与发展. 航天器工程(4): 69-74.
MASSONNET D, SOUYRIS J C. 2008. 合成孔径雷达成像//邓云凯等译，北京：电子工业出版社.
MASSONNET D, SOUYRIS J C, 2015. Imaging with synthetic aperture radar//邓云凯等译. 北京：电子工业出版社
ABDELSALAM M G, ROBINSON C, EL-BAZ F, et al., 2000. Applications of orbital imaging radar for geologic studies in arid regions: The Saharan testimony. Photogrammetric Engineering and Remote Sensing, 66(6): 717-726.
ACKERMAN R K, 2001.Commercial eyes on the battlefield sharpen forcus. Signal(3): 25-30.
ACKERMAN R K, 2002.Afghanistan imagery reveals snapshot of future challenges. Signal (2):21-24.
ADAM N, KAMPES B, EINEDER M, 2004. Development of a scientific permanent scatterer system: Modifications for mixed ERS/ENVISAT time series. Envisat Symposium 2004, Salzburg, September 6-10.

BERARDINO P, FORNARO G, LANARI R, et al., 2002. A new algorithm for surface deformation monitoring based on small baseline differential SAR interferograms. IEEE Transactions on Geoscience and Remote Sensing, 40(11): 2375-2383.

BHATTACHARYA A, 2012. Surface displacement estimation along Himalayan frontal fault using differential SAR interferometry. Natural Hazards, 64(2): 1105-1123.

CANTY M J, SCHLITTENHARDT J, 2001. Satellite data used to locate site of 1998 Indian nuclear test. EOS Transaction American Geophysical Union, 82(3): 25-29.

CAMERON W L, LING K L, 1990. Feature motivated polarization scattering matrix decomposition//IEEE International Conference on Radar: 549-557.

CICCHETTI A, NENNA C, PLAUT J J, et al., 2017, Observations of phobos by the Mars express radar MARSIS: Description of the detection techniques and preliminary results. Advances in Space Research, 60(10): 2289-2302.

CLOUDE S R, POTTIER E, 1996. A review of target decomposition theorems in radar polarimetry. IEEE Transactions on Geoscience and Remote Sensing, 34(2): 498-518.

CONGA X, GUTJAHRB K H, SCHLITTENHARDTA J, et al., 2007. Measurement of surface displacement caused by underground nuclear explosions by differential SAR interferometry. International Society of Photogrammetry and Remote Sensing, 36: 1.

CURLANDER J C, 1982. Location of spaceborne SAR imagery. IEEE Transactions on Geoscience and Remote Sensing, GE-20(3): 359-364.

DANIELS J, BLUMBERG D G, VULFSON L D, et al., 2003. Microwave remote sensing of physically buried objects in the Negev Desert: Implications for environmental research. Remote Sensing of Environment, 86(2): 243-256.

DIERKING W, 1999. Quantitative roughness characterization of geological surfaces and implications for radar signature analysis. IEEE Transactions on Geoscience and Remote Sensing, 37(5): 2397-2412.

EVANS D L, PLAUT J J, STOFAN E R, 1997. Overview of the spaceborne imaging Radar-C/X-band synthetic aperture radar (SIR-C/X-SAR) missions. Remote Sensing of Environment, 59(2): 135-140.

FERRETTI A, PRATI C, ROCCA F, 2000. Nonlinear subsidence rate estimation using permanent scatterers in differential SAR interferometry. IEEE Transactions on Geoscience and Remote Sensing, 38(5): 2202-2212.

FERRETTI A, PRATI C, ROCCA F, 2001. Permanent scatterers in SAR interferometry. IEEE Transactions on Geoscience and Remote Sensing, 39(1): 8-20.

FISCHER W A, HEMPHILL W R, ALLAN K, 1976. Progress in Remote Sensing (1972–1976). Photogrammetria, 32(2): 33-72.

FORD J P, 1980. Seasat orbital radar imagery for geologic mapping: Tennessee-Kentucky-Virginia. AAPG Bulletin, 64(12): 2064-2094.

FORNARO G, ATZORI S, CALO F, et al., 2012. Inversion of wrapped differential interferometric SAR data for fault dislocation modeling. IEEE Transactions on Geoscience and Remote Sensing, 50(6): 2175-2184.

FREEMAN, A, STEPHEN L, 1998. A three-component scattering model for polarimetric SAR data. IEEE Transactions on Geoscience and Remote Sensing, 36(3): 963-973.

GABRIEL A K, GOLDSTEIN R M, ZEBKER H A,1989. Mapping small elevation changes over large areas: Differential radar interferometry. Journal of Geophysical Research:Solid Earth, 94(9): 183-191.

GOLDSTEIN R M, WERNER C L,1998. Radar interferogram filtering for geophysical applications. Geophysical Research Letters, 25(21): 4035-4038.

GRAHAM D F, GRANT D R, 1991. A test of airborne, side-looking synthetic-aperture radar in central newfoundland for geological reconnaissance. Canadian Journal of Earth Sciences, 28(2): 257-265.

GRAHAM D F, MORETZSOHN J S, 1997. Airborne radar data: Utility for geological mapping in tropical environments, Serra Pelada, Para, Brazil. Cim Bulletin, 90(1011): 108-113.

GUHA A, KUMAR K V, KAMARAJU M V V, 2008. Influences of look angle and look direction of space-borne SAR sensor in geological feature delineation in metasedimentary terrain of Kurnool Group of rocks, Andhra Pradesh. Current Science, 95(1): 99-104.

GUO H D, ZHANG Y H, SHAO Y, et al.,1993. Geological analysis using shuttle imaging radar and airborne SAR in China. Advances in Space Research, 13(11): 79-82.

HANKS C L, GURITZ R M, 1997. Use of synthetic aperture radar (SAR) for geologic reconnaissance in arctic regions: An example from the Arctic National Wildlife Refuge, Alaska. Aapg Bulletin-American Association of Petroleum Geologists, 81(1): 121-134.

HARMON R S, RUSSELL S, SOPHIE E B, et al., 2014. Military geosciences in the twenty-first century. Colorado:Geological Society of America.

HOLM W A, BARNES R M. 1988. On radar polarization mixed target state decomposition techniques//IEEE Proceedings of the 1988 IEEE National Radar Conference. New York: IEEE: 249-254.

HUYNEN J R, 1978. Phenomenological theory of radar targets in electromagnetic scattering. New York: Academic Press.

JIE Y, 2006. Location of spaceborne SAR imagery without reference points. Geomatics and Information Science of Wuhan University, 31(2): 144-147.

JOHNSEN H, LAUKNES I, GUNERIUSSEN T, 1995. Some results from geocoding and calibration of ERS-1 SAR FD images in a mountainous area//Proc. SPIE 2314, Multispectral and Microwave Sensing of Forestry, Hydrology, and Natural Resources. International Society for Optics and Photonics: 596-605.

KHOSHMANESH M, SHIRZAEI M, 2018. Episodic creep events on the San Andreas Fault caused by pore pressure variations. Nature Geoscience, 11(8): 610.

KHOSHMANESH M, SHIRZAEI M, NADEAU R M, 2015. Time-dependent model of aseismic slip on the central San Andreas Fault from InSAR time series and repeating earthquakes. Journal of Geophysical Research: Solid Earth, 120: 6658-6679.

KNOWLES R B, WEDGE W K, 1998. Military geology and the gulf war. Virology Journal, 10(17): 334.

KOBAYASHI T, KIM J H, LEE S R, et al., 2011. Synthetic aperture radar processing of kaguya lunar radar sounder data for lunar subsurface imaging. IEEE Transactions on Geoscience and Remote Sensing, 50(6): 2161-2174.

KROGAGER E, 1990. New decomposition of the radar target scattering matrix. Electronics Letters, 26(18): 1525-1527.

KWOH L K, 1995. Geocoding of spaceborne SAR imagery. Johor: Universiti Teknologi Malaysia.

MADHAVAN B B, VENKATARAMAN G, SHAH S D, et al., 1997. Revealing the geology of the Great Nicobar Island, Indian Ocean, by the interpretation of airborne synthetic aperture radar images. International Journal of Remote Sensing, 18(13): 2723-2742.

MAHMOOD A, CAVAYAS F, GIUGNI L P, et al., 2001. Multi-mode RADARSAT-1 data for structural mapping in the Hercynian Massif of Jebilet, western Morocco. Canadian Journal of Remote Sensing, 27(6): 616-626.

MASSONNET D, SOUYRIS J C, 2008. Imaging with Synthetic Aperture Radar. Lausanne: EPFL Press.

MASSONNET D, ROSSI M, CARMONA C, et al., 1993. The displacement field of the Landers earthquake mapped by radar interferometry. Nature, 364(6433): 138-142.

MCCAULEY J F, SCHABER G G, BREED C S, et al., 1982. Subsurface valleys and geoarcheology of the eastern sahara revealed by shuttle radar. Science, 218(4576): 1004-1020.

OH Y, 2004. Quantitative retrieval of soil moisture content and surface roughness from multipolarized radar observations of bare soil surfaces. IEEE Transactions on Geoscience and Remote Sensing, 42(3): 596-601.

OTTL H, 1997. The SIR-C/X-SAR missions: Overview and some results. Acta Astronautica, 41(3): 155-163.

PEDROSO E C, RIVARD B, CROSTA A, et al., 2001. Reconnaissance geologic mapping in the Tapajos mineral Province, Brazilian Amazon, using spaceborne SAR imagery and airborne geophysics. Canadian Journal of Remote Sensing, 27(6): 669-678.

PENA S A, ABDELSALAM M G, 2006. Orbital remote sensing for geological mapping in southern Tunisia: Implication for oil and gas exploration. Journal of African Earth Sciences, 44(2): 203-219.

RABELO T N, PARADELLA W R, SANTOS A R, et al., 2007. Evaluating the discrimination of Cu-mineralized rock alteration products from simulated MAPSAR images in the Curaca Valley, Brazil. International Journal of Remote Sensing, 28(2): 4701-4708.

RAHARIMAHEFA T, KUSKY T M, 2006. Structural and remote sensing studies of the southern Betsimisaraka Suture, Madagascar. Gondwana Research, 10(1-2): 186-197.

RICCHETTI E, 2001. Visible-infrared and radar imagery fusion for geological application: A new approach using DEM and sun-illumination model. International Journal of Remote Sensing, 22(11): 2219-2230.

ROGGE D, BEAUMONT-SMITH C, HALDEN N M, 2003. Application of data integration for deformation potential mapping using remotely acquired data sets within the Lynn Lake Greenstone Belt, northwestern Manitoba, Canada. Canadian Journal of Remote Sensing, 29(4): 458-471.

ROSE E P F, 1996. Geology and the army in nineteenth century Britain: A scientific and educational symbiosis. Proceedings of the Geologists' Association, 107: 129-141.

ROSE E P F, 2005. Napoleon Bonaparte's invasion of Egypt 1798-1801: The first military operation assisted by both geographers and geologists: and its defeat by the British. Royal Engineers Journal, 119: 109-116.

ROSE E P F, PAREYN C, 1998. British applications of military geology for 'operation overlord' and the Battle in Normandy, France, 1944. Reviews in Engineering Geology, 13: 55-66.

ROSEN P A, HENLEY S, PELTZER G, et al., 2013. Update repeat orbit interferometry package released. Eos Transactions American Geophysical Union, 85(5): 47.

RUDANT J P, DEROIN J P, POLIDORI L, 1994. Multiresolution analysis of radar images and its application to lithological and structural mapping - Larzac (Southern France) test site. International Journal of Remote Sensing, 15(12): 2451-2468.

SCHABER G G, 1999. SAR studies in the Yuma Desert, Arizona: Sand penetration, geology, and the detection of military ordnance debris. Remote Sensing of Environment, 67(3): 320-347.

SCHABER G G, MCCAULEY J F, BREED C S, et al., 1986. Shuttle imaging radar: Physical controls on signal penetration and subsurface scattenng in the Eastern Sahara. IEEE Transactions on Geoscience & Remote Sensing, GE-24(4): 603-623.

SCHABER G G, MCCAULEY J F, BREED C S, 1997. The use of multifrequency and polarimetric SIR-C/X-SAR data in geologic studies of Bir Safsaf, Egypt. Remote Sensing of Environment, 59(2): 337-363.

SCHREIER G, KOSMANN D, ROTH A, 1990. Design aspects and implementation of a system for geocoding satellite SAR-images. ISPRS Journal of Photogrammetry and Remote Sensing, 45(1): 1-16.

SCHRODER R, PULS R, HAJNSEK I, et al., 2005. MAPSAR: A small L-band SAR mission for land observation. Acta Astronautica, 56(1-2): 35-43.

SHENG Y, ALSDORF D E, 2005. Automated georeferencing and orthorectification of Amazon basin-wide SAR mosaics using SRTM DEM data. IEEE Transactions on Geoscience and Remote Sensing, 43(8): 1929-1940.

SHI J, WANG J, HSU A Y, et al., 1997. Estimation of bare soil moisture and surface roughness parameters using L-band SAR image data. IEEE Transactions on Geoscience and Remote Sensing, 35(5): 1254-1266.

SINCLAIR G, 1950. The transmission and reception of elliptically polarized waves. Proceedings of the IRE, 38(2): 148-151.

SPRINGER D L, PAWLOSKI G A, RICCA J L, et al., 2002. Seismic source summary for all U.S. below-surface nuclear explosions. Bulletin of the Seismological Society of America, 92(5): 1806-1840.

STRAMONDO S, MORO M, TOLOMEI C, et al., 2005. InSAR surface displacement field and fault modelling for the 2003 Bam earthquake (southeastern Iran). Journal of Geodynamics, 40(2-3): 347-353.

TELLER E, TALLEY W K, HIGGINS G H, et al., 1968. The Constructive Use of Nuclear Explosives. New York: McGraw-Hill.

THURMOND A K, ABDELSALAM M G, THURMOND J B, 2006. Optical-radar-DEM remote sensing data integration for geological mapping in the Afar Depression, Ethiopia. Journal Of African Earth Sciences, 44(2): 119-134.

TIWARI K C, DHARMENDRA S, MANOJ K A, 2008. Development of a model for detection and estimation of depth of shallow buried non-metallic landmine at microwave X-band frequency. Progress in Electromagnetics Research, 79: 225-250.

TOUTIN T, CARBONNEAU Y, ST.-LAURENT L, 1992. An integrated method to rectify airborne radar imagery using DEM. Photogrammetric Engineering & Remote Sensing, 58(4): 417-422.

TOUZI R, 1992. Extraction of point target response characteristics from complex SAR data. IEEE Transactions on Geoscience and Remote Sensing, 30: 1158-1161.

TOUZI R, CHARBONNEAU F, 2002. Characterization of target symmetric scattering using polarimetric SARs. IEEE Transactions on Geoscience and Remote Sensing, 40(11): 2507-2516.

ULABY F T, ELACHI C, 1992. Radar polarimetry for geoscience applications. Norwood: Artech House, Inc.

VALLONE P, GIAMMARINARO M S, CROSETTO M, et al., 2008. Ground motion phenomena in Caltanissetta (Italy) investigated by InSAR and geological data integration.Engineering Geology, 98(3-4): 144-155.

VAN DER SANDEN J J, 2004. Anticipated applications potential of RADARSAT-2 data. Canadian Journal of Remote Sensing, 30(3): 369-379.

VINCENT P, LARSEN S, GALLOWAY D,et al., 2003. New signatures of underground nuclear tests revealed by satellite radar interferometry. Geophysical Research Letters, 30(22), 2141.

WANG T, SHI Q, NIKKHOO M, et al., 2018. The rise, collapse, and compaction of Mt. Mantap from the 3 September 2017 North Korean nuclear test. Science, 361(6398): 166-170.

WEI M, 2017. Location and source characteristics of the 2016 January 6 North Korean nuclear test constrained by InSAR. Geophysical Journal International, 209(2): 762-769.

WILLIAMS K K,GREELEY R, 2001. Radar attenuation by sand: Laboratory measurements of radar transmission. IEEE Transactions on Geoscience and Remote Sensing, 39(11): 2521-2526.

WIVELL C E, STEINWAND D R, KELLY G G, et al., 2002. Evaluation of terrain models for the geocoding and terrain correction, of synthetic aperture radar (SAR) images. IEEE Transactions on Geoscience and Remote Sensing, 30(6): 1137-1144.

YESOU H, BESNUS Y, ROLET J, et al., 1993. Merging seasat and SPOT imagery for the study of geological structures in a temperate agricultural region. Remote Sensing of Environment, 43(3): 265-279.

ZEBKER H A, WERNER C L, ROSEN P A, et al., 1994. Accuracy of topographic maps derived from ERS-1 interferometric radar. IEEE Transactions on Geoscience and Remote Sensing, 32(4): 823-836.

后　记

自2013年正式加入军事地质遥感团队以来，我参与了多个军民融合项目的地质遥感调查工作，足迹遍及我国东北和北部部分地区，经常和于德浩高级工程师、陈伟涛副教授、李远华副教授、支瑞荣高级工程师、李华亮副教授等人一起讨论、验证遥感解译过程中的一系列问题。前期工作中主要用高分辨率光学卫星数据进行解译，在讨论过程中个人不时会冒出一个想法，如果将SAR数据应用到军事地质遥感调查中，能够解决什么问题？其优点和缺点在哪里？

我于2005～2007年期间在澳大利亚新南威尔士大学进行过一段时间的访学，师从Ge Linlin教授，主要研究方向是雷达遥感和差分干涉测量技术。这么多年过去了，没有将SAR引入军事地质遥感调查中实在是遗憾。2016年底在参与完成第一本关于军事地质遥感调查书籍的编写之后，逐步开始考虑并实施利用SAR数据进行军事地质要素的解译工作，到2018年感觉有些东西不吐不快，于是在团队的支持下开始构思这本书的内容。

在动手之前，一直想把几个问题弄明白，那就是军事地质遥感调查的成果是否能够投入实际应用中？该怎么用？一线人员的需求是什么？调查的内容是否能够满足他们的需求？但是这些问题很难回答。王焰新教授、龙凡教授、方洪宾教授、于德浩高级工程师等诸多同志这些年做了很多的应用研究，坚定地探索着军事地质遥感调查工作，作为军事地质调查工作的参与者，一直觉得个人仅仅掌握军事地质学的一点皮毛。目前只能根据前期的工作和国内外公开文献资料对军事地质的需求和应用进行总结，提出军事地质遥感合成孔径雷达调查的方法和手段。

本书在编写过程中，得到各方的大力支持，在这里感谢军事地质遥感团队和军事地质丛书编委会的支持，感谢各位专家的细心指点和宝贵修改意见，感谢诸多前辈们在军事地质领域的无私奉献。我一直牢记龙凡教授“凭良心做事”的教诲，战战兢兢地完成本书的内容。希望这本书从应用的角度，能够为从事军事地质遥感教学及调查的人员提供一些参考，也希望这本书能够起到抛砖引玉的作用，使更多有识之士加入军事地质的团队中来，为我国现代军事地质事业贡献力量。